计算机网络项目式仿真实验

——基于华为 eNSP

主　编　张　凌
副主编　侯俊松　王　婷　卫　明
　　　　朱元静　孔新玉

北京理工大学出版社
BEIJING INSTITUTE OF TECHNOLOGY PRESS

内 容 简 介

"计算机网络"课程为高等院校计算机类和电子信息类相关专业的核心课程之一，该课程的知识点繁多，原理较为抽象，初学者通常难以理解且不知如何应用，其中一个重要的原因是缺乏理论与实践相结合的训练。

本书将"计算机网络"课程的主要知识内容，以网络工程项目逻辑方式展开，采用华为 eNSP 仿真工具开展实验操作，帮助读者理解相关知识，培养读者搭建和配置计算机网络的基本能力。本书按项目式逻辑从简单到复杂、从局部到整体进行介绍，共包含实验仿真工具与设备初始配置、搭建小型局域网、搭建中型局域网、局域网接入互联网、网络安全、无线局域网、组网综合案例这 7 个项目，共 17 个任务和 33 个实验。

本书既可作为高等院校计算机、通信工程、物联网、电子信息、人工智能、大数据等专业的计算机网络技术类课程的实验实训教材，也可作为网络技术人员实践训练的参考用书。

图书在版编目（CIP）数据

计算机网络项目式仿真实验：基于华为 eNSP ／ 张凌
主编. --北京：北京理工大学出版社，2024. 7.
ISBN 978-7-5763-4380-9

Ⅰ. TP393. 01

中国国家版本馆 CIP 数据核字第 20249Y6K03 号

责任编辑：高 芳　　**文案编辑：**李 硕
责任校对：刘亚男　　**责任印制：**李志强

出版发行 ／ 北京理工大学出版社有限责任公司
社　　址 ／ 北京市丰台区四合庄路 6 号
邮　　编 ／ 100070
电　　话 ／ (010) 68914026（教材售后服务热线）
　　　　　　（010) 68944437（课件资源服务热线）
网　　址 ／ http://www.bitpress.com.cn

版 印 次 ／ 2024 年 7 月第 1 版第 1 次印刷
印　　刷 ／ 涿州市新华印刷有限公司
开　　本 ／ 787 mm×1092 mm　1/16
印　　张 ／ 13.75
字　　数 ／ 319 千字
定　　价 ／ 88.00 元

前 言

FOREWORD

现代科技向信息化、网络化和智能化方向发展，掌握计算机网络技术是当今社会对各类人才的普遍要求。计算机网络、计算机网络工程等计算机网络类技术、知识和技能，不仅是计算机类专业学生，也是电子信息类专业学生，以及广大从事计算机应用和信息管理的科技人员都必须学习和掌握的。计算机网络技术不仅理论性强，概念抽象难理解，而且实践性很强。因此，要学好计算机网络，实践操作十分重要。实践操作不仅能很好地说明、验证和帮助读者理解抽象知识，加深学习印象，还能锻炼和培养读者的动手能力、主动思考能力和对网络技术的应用能力。

但是，在实际的学习环境中，往往受实验条件所限，读者不能接触或操作真实的网络设备。因此，本书基于华为公司的企业网络仿真平台（Enterprise Network Simulation Platform，eNSP）进行实验实践操作编排。读者只需在计算机上安装该模拟器和相关支撑软件，即可在虚拟环境中模拟网络搭建、设备配置、查看测试等操作，达到学习的目的。

本书的编者团队长期从事应用型高等院校计算机网络教学工作，大部分团队成员是具有信息通信企业和设计院工作经历的"双师"人员，也是教育部"新工科"项目团队成员。编者在教学改革和实践过程中，从行业从业经历、学生毕业设计、学生就业反馈等多方面综合考虑，决定编写本书以提升读者对计算机网络知识的理解和应用能力，尤其是培养从简单到复杂、从局部到整体的网络搭建、网络技术应用、网络设备配置和测试的渐进思维和基本的组网实践能力。

本书在编写过程中并不是按网络技术知识点和原理的验证逻辑展开的，而是按网络工程项目式逻辑和网络搭建顺序，结合实际的企业/校园网络搭建项目，将主要的网络原理、知识内容以项目式实验任务方式展开。本书从解决网络的组建和网络需求问题、实现网络通信和网络功能入手，开展实验项目，达到帮助读者理解网络知识、培养组网配置实践能力的目的。

本书按网络工程项目式逻辑顺序，共编排了 7 个项目，分别是实验仿真工具与设备初始配置、搭建小型局域网、搭建中型局域网、局域网接入互联网、网络安全、无线局域网、组网综合案例。项目下面共编排了 17 个任务和 33 个实验，大部分实验都有任务要求，包括任务目的、实验操作和习题，对实验中相关知识点进行简单介绍，以便读者能更好地理解实验配置和测试。本书中的实验步骤完整，能提供较好的指导，通过习题启发读者思考，拓展其知识和能力。本书在附录中列出了常用的网络命令和访问控制列表（Access Control List，ACL）的相关命令，方便读者查看。

本书的编写和出版得到了邓世昆教授的大力支持和帮助，在此深表感谢。本书可作为邓世昆教授编著的《计算机网络》《计算机网络工程》或其他类似书籍的配套实验实训用书。本书由张凌担任主编，侯俊松、王婷、卫明、朱元静、孔新玉担任副主编。项目1由侯俊松、王婷、卫明编写，项目2~6由张凌编写，项目7由朱元静和孔新玉编写，全书由张凌统稿。

由于网络技术的不断更新，实验实训的经验也在不断更新完善，加上编者自身水平限制，本书难免存在不足或遗漏之处，恳请专家和广大读者给予批评、指正，联系邮箱：48470480@ qq. com。

编　者

2024 年 2 月

目 录

CONTENTS

项目 1

实验仿真工具与设备初始配置

任务 1　仿真软件介绍和使用

1.1.1　华为仿真软件 eNSP 的界面及使用

任务要求

　　任务目的：掌握 eNSP 的基本用法。

　　实验操作：设计一个简单的端到端网络，个人计算机（Personal Computer，PC）配置正确的 IP 地址，测试网络连通性，并进行抓包操作。

　　习题：

　　（1）保存建立好的网络拓扑，所查看的文件的类型是什么？

　　（2）如果操作步骤是先对 PC 执行 ping 命令操作，再启动数据抓包，那么会有什么结果？为什么？

　　（3）查看 PC 的 IP 地址。

1. eNSP 的主界面介绍

　　eNSP 是一款由华为公司提供的可扩展图形化操作的网络仿真工具平台，主要对企业网络路由器、交换机、无线局域网（Wireless Local Area Network，WLAN）等设备进行软件仿真，呈现真实设备部署情况，支持大型网络模拟，让用户有机会在没有真实设备的情况下能够模拟演练，学习网络技术。

　　本书所用的 eNSP 版本为 V100R003C00SPC100。使用 eNSP 需要 WinPcap、Wireshark 和 VirtualBox 的支持。

　　打开 eNSP 后，其主界面如图 1-1 所示。左侧窗格中的图标代表 eNSP 所支持的各种产品及设备，中间窗格中包含多种网络场景的样例，右侧窗格为接口列表。

图 1-1　eNSP 主界面

eNSP 主界面分为 5 个区域，如图 1-1 所示，各区域简要介绍如表 1-1 所示。

表 1-1　eNSP 主界面各区域简要介绍

编号	区域	简要介绍
1	主菜单	提供"文件""编辑""视图""工具""考试""帮助"菜单。eNSP 的绝大多数功能都能通过相应的菜单来完成
2	工具栏	提供"新建拓扑""保存""放大""缩小""启动设备""停止设备""删除""文本"等常用工具按钮。eNSP 的基本功能都能通过工具栏完成
3	网络设备区	提供各种网络设备和设备连线。网络设备区又分为设备类别区(上部)、设备型号区(中部)和设备描述区(下部)，可将所需设备和设备连线添加到工作区中
4	工作区	用于新建和显示网络拓扑，或者显示导向界面
5	接口列表	显示网络拓扑中的设备和设备已连接的接口

2. eNSP 的使用

第一次使用 eNSP 时，需要在 VirtualBox 中注册安装网络设备的虚拟主机，在 VirtualBox 的虚拟主机中加载网络设备的 VRP 文件，从而实现网络设备的模拟。在 eNSP 主菜单中选择"工具"→"注册设备"命令，如图 1-2 所示。在弹出的"注册"对话框的右侧，勾选"AR_Base""AC_Base""AP_Base""AD_Base""SAP_Base"复选框，单击"注册"按钮，完成网络设备的注册，如图 1-3 所示。

图1-2 选择"注册设备"命令

图1-3 注册网络设备

如果需要对eNSP进行设置，则可在主菜单中选择"工具"→"远项"命令（或使用快捷键〈Ctrl+Alt+E〉），弹出"选项"对话框，如图1-4所示。在该对话框中，可以对界面、命令行、字体、多机eNSP的服务器和Wireshark、VirtualBox等工具进行设置。

关于如何使用和操作eNSP，可参考eNSP帮助文档。在主菜单中选择"帮助"→"目录"命令（或按〈F1〉键），可以打开"eNSP帮助"窗口，如图1-5所示。

图1-4 "选项"对话框

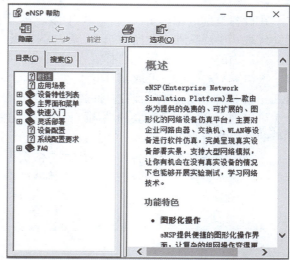

图1-5 "eNSP帮助"窗口

下面以两台PC组建一个简单的端到端网络为例，介绍eNSP的基本使用方法。

（1）创建网络拓扑。

在图1-1所示的eNSP主界面中，单击左上角的"新建拓扑"按钮，或者在主菜单中选择"文件"→"新建拓扑"命令，即可在工作区中创建网络拓扑。

（2）选择并添加设备。

在设备类别区中选择所需的设备，此处单击"PC"图标，按住鼠标左键把图标拖曳到工作区中，如图1-6所示，按〈Esc〉键或右击可取消设备的选择。使用相同步骤，再拖曳一个"PC"图标到工作区。

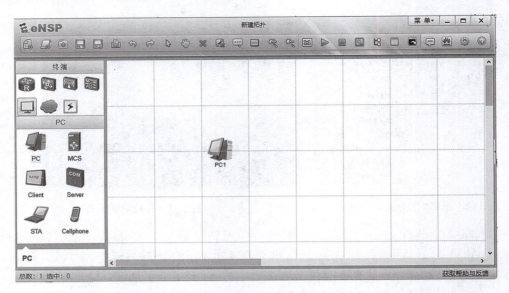

图 1-6　选择并添加 PC 终端

（3）连接设备。

在设备类别区中单击"设备连线"图标，在下方单击"Copper"图标。单击图标后，鼠标指针代表一个连接器，此时单击 PC 客户端设备，会显示该模拟设备包含的所有接口。单击工作区中的"PC1"图标，选择显示的"Ethernet 0/0/1"接口，如图 1-7 所示，连接此接口，按〈Esc〉键或右击可取消连接。在工作区中单击另外一台设备"PC2"图标，并选择"Ethernet 0/0/1"接口作为该连接的终点，两台设备间的连接完成。

可以观察到，在已建立的端到端网络中，连线的两端显示的是两个红点，表示该连线连接的两个接口都处于 Down 状态。

注意：设备型号区中各种类型的线缆依次为自动选线、双绞线、串行线、光纤等，选择"Auto"选项，系统会自动选择设备连接线的类型和设备接口，一般不推荐这种方法。

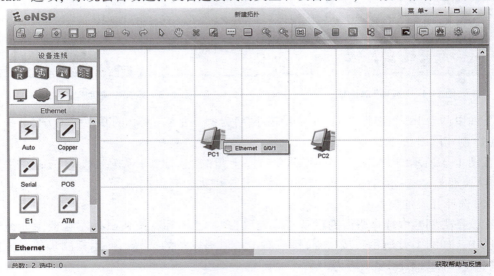

图 1-7　连接选择的接口

(4)设备配置。

在工作区中右击"PC1"图标,在弹出的快捷菜单中选择"设置"命令,如图 1-8 所示,会弹出该设备的设置窗口,可在其中查看和设置该设备的系统配置信息。直接双击该设备图标,也可打开设置窗口。

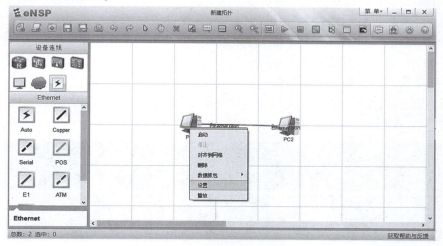

图 1-8　选择"设置"命令

在弹出的"PC1"窗口中包含"基础配置""命令行""组播""UDP 发包工具""串口"选项卡,它们分别用于不同需求的配置。

选择"基础配置"选项卡,在"主机名"文本框中输入主机名称,在"IPv4 配置"区域选择"静态"单选按钮,在"IP 地址"文本框中输入 IP 地址,在"子网掩码"文本框中输入子网掩码,如图 1-9 所示。配置完成后,单击右下角的"应用"按钮,再单击右上角的"关闭"按钮 x 关闭该窗口。使用相同步骤配置 PC2,PC2 的 IP 地址为 192.168.1.2,子网掩码配置为 255.255.255.0。完成基础配置后,两台终端可以成功建立端到端通信。

图 1-9　PC1 基础配置

注意：不同设备的设置窗口各不相同。例如，图 1-10 所示为路由器 AR1 的设置窗口。"视图"选项卡用于添加或删除接口模块。如果需要为设备增加接口卡，则可以在窗口左下方"eNSP 支持的接口卡"区域中选择合适的接口卡，右下方会显示该模块的说明信息，将其拖曳至上方设备面板空的接口插槽中。如果需要删除接口卡，则直接将设备面板中该接口卡拖回"eNSP 支持的接口卡"区域即可。只有在设备处于关机状态下才能进行增加或删除接口卡的操作，开、关设备电源通过单击设备面板上的电源按钮来操作。"配置"选项卡如图 1-11 所示，其中提供了串口号配置，若启动设备时出现串口号冲突的情况，则可在此处进行更改。

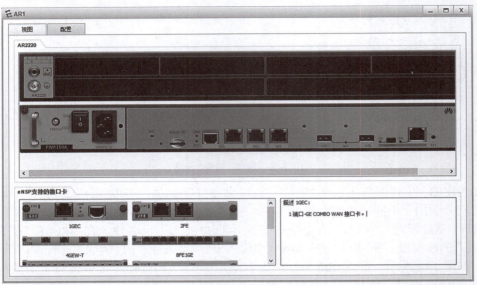

图 1-10　路由器 AR1 的设置窗口

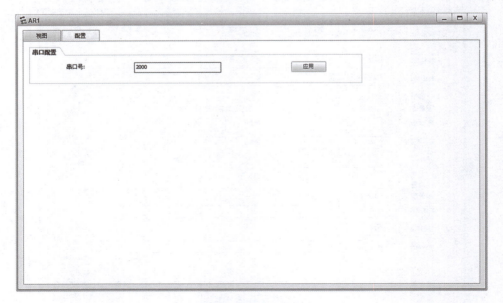

图 1-11　"配置"选项卡

（5）添加文本和图形。

在工作区中，每台设备下方都有默认的描述文本，可以单击对其进行修改。单击工具栏中的"文本"按钮■■■，可在工作区中任何位置添加文本描述。单击工具栏中的"调色板"按钮■，可在工作区中添加图形。图1-12所示为在工作区中添加了PC的IP地址文本和椭圆图形。

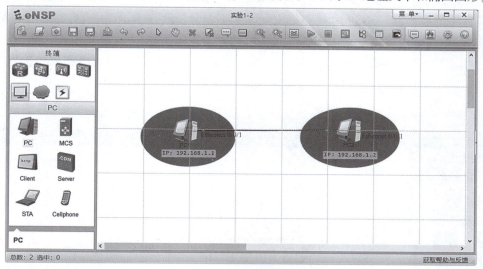

图1-12　添加PC的IP地址文本和椭圆图形

（6）启动与停止设备。

要对网络设备进行操作，必须要启动该设备，可以使用以下两种方法启动设备。

1）右击设备图标，在弹出的快捷菜单中选择"启动"命令，启动该设备。

2）在工作区中按住鼠标左键框选多台设备，如图1-13所示，单击工具栏中的"启动设备"按钮▶，可以批量启动所选设备。设备启动后，线缆上的红点将变为绿色，表示该连接为Up状态。

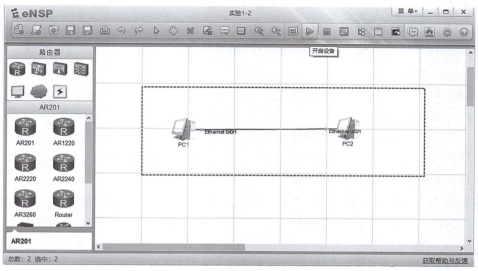

图1-13　框选多台设备

右击设备图标，在弹出的快捷菜单中选择"停止"命令，即可关闭该设备。单击工具栏中的"停止设备"按钮■，可批量停止所选设备。

（7）启动数据抓包。

当工作区中的设备启动，变为可操作状态后，此时可以监控物理链接中的接口状态与介质传输中的数据流。eNSP 利用第三方网络数据包分析软件 Wireshark 实现网络数据包的捕获与分析。eNSP 可通过如下 3 种方式来启动数据抓包功能。

1）指定设备接口启动数据抓包功能。右击设备图标，在弹出的快捷菜单中选择"数据抓包"命令，再选择接口，即可启动 Wireshark，如图 1-14 所示。

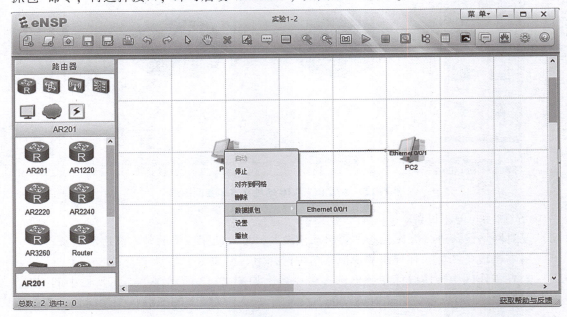

图 1-14　指定设备接口启动数据抓包功能

2）利用工具栏中的按钮启动数据抓包功能。单击工具栏中的"数据抓包"按钮■，打开"采集数据报文"对话框，选择需要抓包的设备和接口，单击"开始抓包"按钮，即可启动 Wireshark，如图 1-15 所示。

3）在接口列表中选择链路启动数据抓包功能。在接口列表中右击需要数据抓包的链路，在弹出的快捷菜单中选择"开始数据抓包"命令，启动 Wireshark，如图 1-16 所示。

启动数据抓包功能后，被监控接口在网络拓扑及接口列表中的指示灯会变为蓝色，即可开始捕获该接口所收发的所有数据报文。如需监控更多接口，则可重复上述操作，选择不同接口，Wireshark 将会为每个接口激活不同实例来捕获数据包。

根据被监控设备的状态，Wireshark 可捕获选中接口上产生的所有流量，生成抓包结果。在本例的端到端组网中，需要先通过配置来产生一些流量，再观察抓包结果。

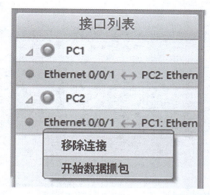

图1-15 利用工具栏中的按钮启动数据抓包功能 图1-16 在接口列表中选择链路启动数据抓包功能

（8）打开命令行界面配置设备。

分别双击交换机、路由器、防火墙和无线设备的图标，打开其设置窗口，选择"命令行"选项卡，进入命令行界面；也可以右击设备图标，在弹出的快捷菜单中选择"CLI"命令（PC终端设备此处选择"设置"命令），进入命令行界面。

在本例的端到端组网中，产生流量最简单的方法是使用ping命令发送Internet控制报文协议（Internet Control Message Protocol，ICMP）报文。关于ping命令的说明详见附录1。在命令行界面输入"ping <ip address>"，其中<ip address>设置为对端设备的IP地址，此处为192.168.1.2，执行结果如图1-17所示。

图1-17 在命令行界面执行ping命令的执行结果

（9）观察捕获的报文。

生成流量之后，通过Wireshark捕获报文并生成抓包结果，如图1-18所示。可以在抓包结果中查看 IP 网络协议的工作过程，以及报文中基于开放系统互连参考模型各层的详细内容。

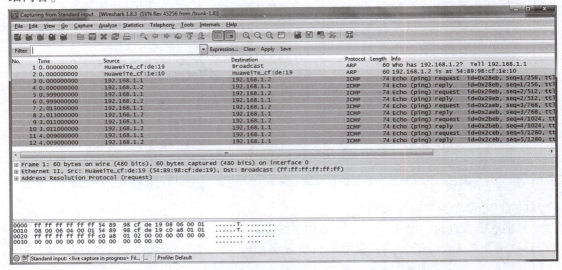

图 1-18　通过 Wireshark 捕获报文并生成抓包结果

Wireshark 的介绍和使用将在 1.1.2 小节中进行阐述。

（10）保存及打开网络拓扑文件。

建立好网络拓扑后，可以在工具栏中单击"保存"按钮■或"另存为"按钮■，将其保存为网络拓扑文件。

1.1.2　网络数据包分析软件 Wireshark 的介绍

任务要求

任务目的：掌握 Wireshark 的基本使用方法。

实验操作：利用 1.1.1 小节中的网络进行数据抓包操作，查看抓包内容并进行显示过滤操作。

习题：

（1）Wireshark 是什么软件？它有什么用？Wireshark 捕获数据包显示界面包含哪 3 个模块？

（2）在该实验中，捕获的数据包若只显示源地址为 192.168.1.2 的 ICMP 报文，那么在过滤条件文本框中应该输入的逻辑运算表达式是什么？

1. Wireshark 软件概述

Wireshark 是一个网络数据封装包分析软件，其功能是捕获网络数据包，并显示详细的网络数据包资料。Wireshark 使用 WinPcap 作为接口，直接与网卡进行数据报文交换。Wireshark 具有以下用途。

（1）捕获网络数据包。Wireshark 可以捕获网络上的数据包，包括 TCP、UDP、ICMP 等协议的数据包。

（2）显示详细资料。Wireshark 可以显示每个数据包的详细资料，包括源 IP 地址、目的 IP 地址、接口号、协议类型、数据内容等。

（3）分析网络流量。通过 Wireshark 的分析，可以了解网络流量的特点，包括流量的大小、数据的传输速度、数据包的类型等。

（4）检测网络问题。使用 Wireshark 可以检测网络问题，如网络延迟、丢包等。

（5）检查资讯安全相关问题。使用 Wireshark 可以检查资讯安全相关问题，如恶意攻击、数据泄露等。

（6）为新的通信协议除错。使用 Wireshark 可以为新的通信协议除错，使其正常工作。

（7）学习网络协议的相关知识。使用 Wireshark 可以学习网络协议的相关知识，如 TCP/IP 协议栈的工作原理等。

2. Wireshark 的主界面

Wireshark 的主界面由主菜单、工具栏、过滤工具栏、捕获数据包列表栏、数据包详细信息栏、数据包数据字节栏、状态栏组成。图 1-19 所示是 Wireshark 的主界面，该界面显示的是常用操作的快捷链接。

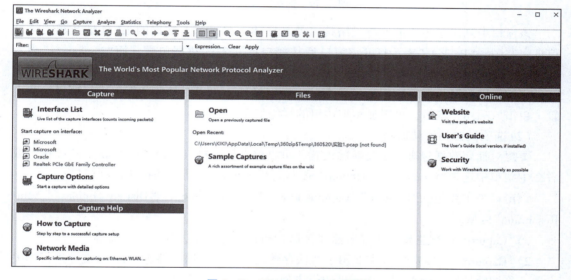

图 1-19　Wireshark 的主界面

主菜单包括以下菜单，在此可以实现 Wireshark 的主要功能。

（1）File：打开或保存捕获数据包的数据文件。

（2）Edit：在捕获的数据包列表中查找或标记数据包。

（3）View：设置查看、显示数据包列表和数据包详细信息的方式。

（4）Go：跳转到特定的数据包。

（5）Capture：启动或停止捕获数据包、设置捕获过滤器等。

（6）Analyze：设置分析选项。

（7）Statistics：设置和显示对捕获数据包的各种统计信息。

（8）Telephony：显示与电话业务相关的统计窗口。

（9）Tools：启动各种在 Wireshark 中可用的工具。

（10）Help：提供本地或在线帮助。

3. 捕获数据包

要分析网络协议，首先要捕获网络上的数据包。使用 Wireshark 捕获数据包时，首先要选择捕获数据包的网络接口，然后才能启动捕获。Wireshark 提供了以下多种启动捕获的途径。

（1）选择捕获接口启动捕获。

在主菜单中选择"Capture"→"Interfaces"命令，弹出图 1-20 所示的捕获接口窗口。

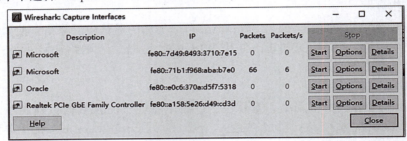

图 1-20　捕获接口窗口

该窗口中列出了主机的所有网络接口及其描述，并显示了接口的 IP 地址及相关统计信息。其中，"Packets"表示打开该窗口后从接口捕获到的数据包数，而"Packets/s"表示最近 1 s 捕获到的数据包数。在该窗口中选择希望捕获数据包的网络接口，单击其右侧的"Start"按钮即可开始捕获数据包。单击"Options"按钮，可以对捕获数据包进行更详细的设置。单击"Details"按钮，可以显示该接口的详细信息。

（2）选项设置和启动捕获。

要想对捕获数据包进行更复杂的设置，可以单击捕获接口窗口中的"Options"按钮，或者在主菜单中选择"Capture"→"Options"命令，出现图 1-21 所示的捕获选项窗口。

该窗口中主要包括"Capture""Capture File(s)""Stop Capture""Display Options""Name Resolution"区域。

1）"Capture"区域主要用于设置捕获接口、捕获缓存大小、捕获过滤器等。

2）"Capture File(s)"区域主要用于对保存数据包捕获数据的踪迹（Trace）文件进行相关设置，将捕获的数据保存到踪迹文件中可方便以后进行离线分析。

3）"Stop Capture"区域主要用于设置捕获自动停止的条件。

4）"Display Options"区域主要用于设置捕获数据包的显示方式。

5）"Name Resolution"区域主要用于设置是否自动将捕获数据包中的 MAC 地址、网络地址或运输层地址解析为相应的名称。

设置好相关选项后，单击"Start"按钮，开始在指定的接口上捕获数据包并进行显示。

（3）启动和停止捕获。

捕获选项设置好以后，下次捕获时如果不需要改变捕获选项的设置，则可直接在主菜单中选择"Capture"→"Start"命令启动捕获。

启动捕获后，在主菜单中选择"Capture"→"Stop"命令可停止捕获分组，并将捕获的数据存入踪迹文件。

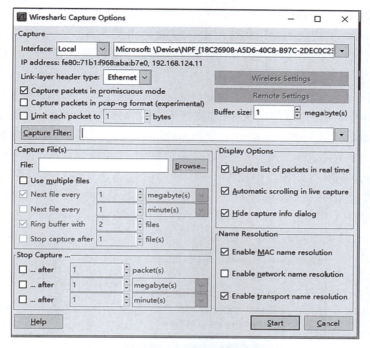

图1-21 捕获选项窗口

4. 捕获数据包界面

Wireshark 能够对捕获的数据或打开的踪迹文件中的数据包信息（在主菜单中选择"File"→"Open"命令可打开踪迹文件）进行分析。捕获数据包显示界面如图1-22所示，分为数据包列表栏、数据包内容栏和数据字节栏3个部分。数据包列表栏中按序显示捕获的数据包，有序号（No.）、时间（Time）、源地址（Source）、目的地址（Destination）、协议（Protocol）、长度（Length）、信息（Info）等字段。数据包内容栏中给出了所选数据包中各层协议数据单元首部的详细内容。数据字节栏中以十六进制数和 ASCII 字符形式显示对应所选数据包的数据字节。

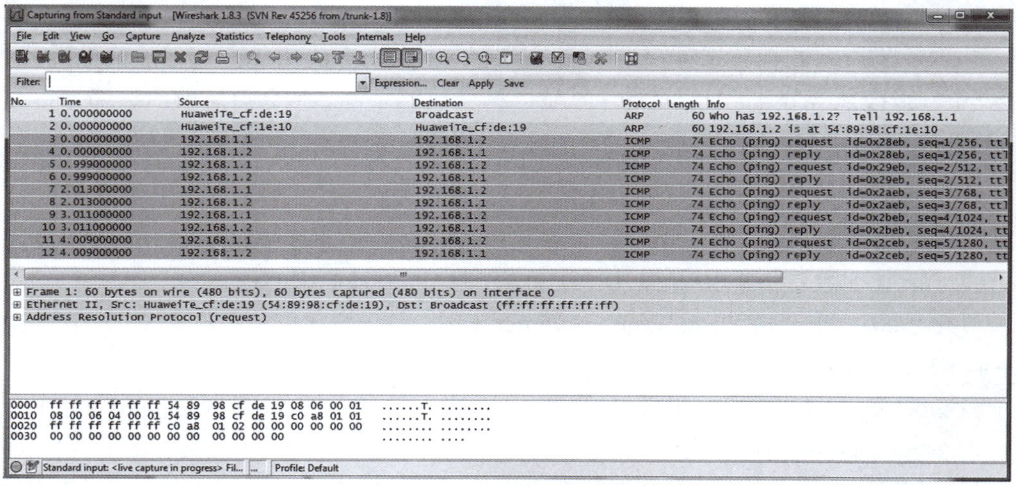

图1-22 捕获数据包显示界面

5. 数据包过滤

在利用 Wireshark 捕获数据包的过程中，可能会捕获大量数据包，可以通过数据包过滤功能来筛选符合条件的数据包。Wireshark 的数据包过滤功能分为两种：捕获过滤（Capture Filter）和显示过滤（Display Filter）。

（1）捕获过滤。

捕获过滤的作用是在捕获的过程中过滤掉不符合条件的数据包，在图 1-21 所示的捕获选项窗口"Capture"区域的最下面有一个"Capture Filter"按钮和一个过滤条件文本框，在此可设置捕获过滤条件。

单击"Capture Filter"按钮，弹出图 1-23 所示的过滤条件窗口。可在此窗口中直接选择所需的预设过滤条件，或者在这些条件的基础上进行修改，获得符合需求的过滤条件。在该窗口中，用户可以单击"Edit"区域的"New"按钮，添加新的预设过滤条件，或者单击"Delete"按钮，删除不需要的预设过滤条件。

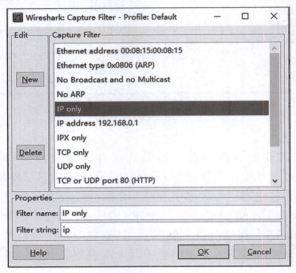

图 1-23　过滤条件窗口

在图 1-21 所示的捕获选项窗口"Capture"区域的"Capture Filter"按钮后面的过滤条件文本框中，可按照 Wireshark 规定的语法输入捕获过滤条件。捕获过滤的语法如下：

［not］primitive［and|or［not］primitive…］

其中，常用的 primitive 包括以下 3 种。

1)［src|dst］host <host>，如 src host 192.168.0.1 表示指定源地址为 192.168.0.1，host 192.168.0.1 表示指定 IP 地址为 192.168.0.1（源地址或目的地址）。

2)［tcp|udp］［src|dst］port <port>，如 tcp dst port 80 表示目的接口为 80 的 TCP 报文，tcp port 80 表示源接口或目的接口为 80 的 TCP 报文。

3)<protocol>，如 ip 表示捕获 IP 报文，tcp 表示捕获 TCP 报文。

（2）显示过滤。

显示过滤的作用是对已经捕获的数据包进行过滤，即此时只显示符合过滤条件的数据包。在 Wireshark 主界面的工具栏下面有一个过滤工具栏，如图 1-24 所示，可在其中输入、清除和应用数据包显示过滤条件。例如，在过滤条件文本框中输入"icmp"，然后按〈Enter〉键或单击"Apply"按钮，捕获数据包列表栏中就只显示捕获的 ICMP 数据包。

注意：显示过滤的过滤条件的语法与捕获过滤的过滤条件的语法不一样。Wireshark 提供了结构简单、功能强大的过滤语法，可以对数据包各层协议数据单元各字段的值进行比较，匹配建立过滤表达式，并可通过逻辑运算符实现各种复杂的过滤功能。若输入的语法正确，则过滤条件文本框底色显示为绿色；否则显示为红色。

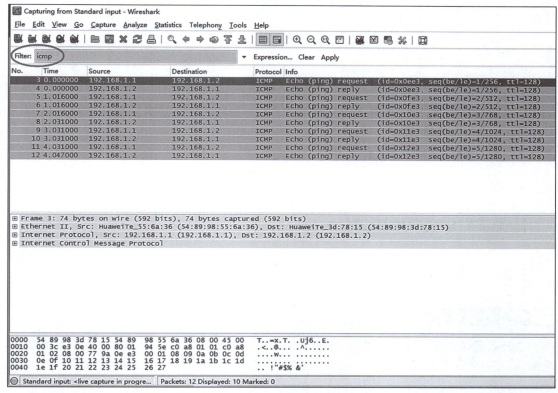

图 1-24　显示过滤

一些常用的过滤规则如下。

1）按协议类型过滤。Wireshark 支持的协议非常多，包括 IP、TCP、UDP、ARP、ICMP、HTTP、DNS、SMTP、FTP、BOOTP 等。在过滤条件文本框中输入需要查看的协议名称时，注意要使用小写字母。

2）按 IP 地址过滤。若只显示源 IP 地址为指定 IP 地址（如 192.168.1.1）的数据包，则可输入"ip. src==192.168.1.1"。若只显示目的 IP 地址为指定 IP 地址（如 192.168.1.1）的数据包，则可输入"ip. dst==192.168.1.1"。若只显示源 IP 地址或目的 IP 地址为指定 IP 地址（如 192.168.1.1）的数据包，则可输入"ip. addr==192.168.1.1"。

3）按运输层接口号过滤。例如，指定 TCP 接口号、TCP 目的接口号、UDP 源接口号，可分别输入"tcp. port==21""tcp. dstport==80""udp. srcport==53"。

4）采用逻辑运算符进行组合过滤。可以利用"&&"（与）、"||"（或）和"!"（非）将简单的过滤表达式组合成复杂的过滤表达式。例如，"http && ip. dst==192.168.1.12"表示只显示目的 IP 地址为 192.168.1.12 的 HTTP 报文；又如，"! arp"表示不显示 ARP 数据包。

此外，可以单击过滤条件文本框后面的"Expression"按钮，在打开的过滤表达式窗口中选择并生成合法的过滤表达式，如图1-25所示。

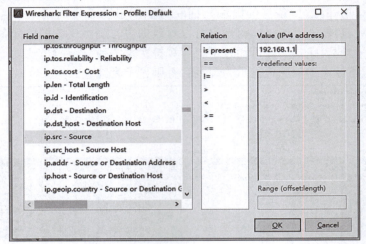

图1-25　过滤表达式窗口

任务2　设备初始配置

1.2.1　命令行界面和视图

任务要求

任务目的：区别华为设备命令行界面的3种视图，掌握进入和退出各个视图的方法。

习题：

在eNSP中，如何进入命令行界面？

1. 命令行界面

华为网络设备支持通过命令行界面（Command Line Interface，CLI）进行配置操作，命令行界面按功能分别注册在不同的命令行视图下。配置某一功能时，需要先进入对应的命令行视图，然后执行相应的命令进行配置。华为网络设备的命令行视图包括用户视图、系统视图和业务视图，如图1-26所示。

2. 用户视图

在eNSP中，网络设备启动后，打开命令行界面，按〈Enter〉键，进入的视图就是用户视图。用户视图的默认提示符如下：

<Huawei>

默认提示符中"Huawei"是默认的系统名称（Sysname），用户可以通过默认提示符判断当前所处的视图，如图1-26所示。

在用户视图下，用户主要进行查看运行状态和统计信息等操作。在任何视图下输入"？"，可查看在该视图下可以执行的命令。

3. 系统视图

在用户视图下，输入"system-view"，按〈Enter〉键即可进入系统视图，命令如下：

```
<Huawei>system-view
Enter system view,return user view with Ctrl+Z.
[Huawei]
```

在系统视图下，用户可以配置全局参数（系统参数），并进入业务视图。

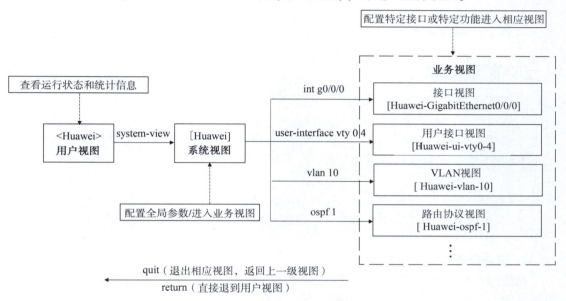

图1-26 华为网络设备的命令行视图

4. 业务视图

在实验中经常需要配置接口IP地址、路由协议、虚拟局域网（Virtual Local Area Network，VLAN）等，这时需要从系统视图进入对应的业务视图，如接口视图、路由协议视图、VLAN视图等。例如，在系统模式下输入"interface GigabitEthernet0/0/0"（可简写为int G0/0/0），按〈Enter〉键就可以进入接口模式，用户在此模式下所做的配置都是针对G0/0/0这个接口所设定的，如设定IP地址等，命令如下：

```
[Huawei]interface GigabitEthernet0/0/0
[Huawei-GigabitEthernet0/0/0]ip address 192.168.1.1
```

一些业务视图间可以直接切换，例如可以从interface GigabitEthernet0/0/0接口视图切换到interface GigabitEthernet0/0/1接口视图，命令如下：

```
[Huawei-GigabitEthernet0/0/0]interface GigabitEthernet0/0/1
[Huawei-GigabitEthernet0/0/0]
```

当然，这种切换也可以通过使用下面的退出命令退出视图后再进入来实现。

5. 退出命令行视图

在任何命令行视图下执行 quit 命令，即可从当前视图退回到上一级视图。例如，执行 quit 命令从接口视图退回到系统视图，再执行 quit 命令退回到用户视图，命令如下：

```
[Huawei-GigabitEthernet0/0/0]quit
[Huawei]quit
<Huawei>
```

如果需要从某个视图直接退回到用户视图，则可以按〈Ctrl+Z〉组合键，或者执行 return 命令。

1.2.2　设备的基础配置

任务要求

任务目的：掌握华为设备的基础配置，熟悉基础配置的常用命令。

实验操作：按下面的实验步骤进行操作。

习题：

(1) 在实验步骤 3 的步骤(7)中，在路由器 R1 执行 display this 命令后硬件地址是多少？

(2) 说明 display this 和 display interface 这两条命令的区别。

(3) 配置文件存在于设备的外部存储器中，请查看保存的配置文件的文件名称。

1. 设备配置前的连接方式

在使用和配置网络设备前，通常需要先对设备进行一些初始配置，如配置设备名称、系统时间、登录密码、保存和查看配置等。但网络设备并不配备专门的输入/输出设备，当配置一台新的网络设备时，第一次必须通过 Console 接口来进行。Console 接口（又称 CON 口）是一个串行接口，图 1-27 所示为华为交换机 S5700 设置视图中接口面板上的 Console 接口。Console 接口需要用串行线与计算机连接起来，再利用超级终端软件对设备进行配置。常用的 Console 串行线如图 1-28 所示，线缆的 RJ-45 接口连接网络设备的 Console 接口，线缆的 RS-232 或 USB 接口连接计算机。图 1-29 所示为网络设备与计算机连接示意。

图 1-27　华为交换机 S5700 的 Console 接口

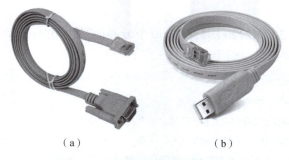

（a）　　　　　　　　　　　　（b）

图1-28　常用的 Console 串行线

（a）RJ-45 转 RS-232；（b）RJ-45 转 USB

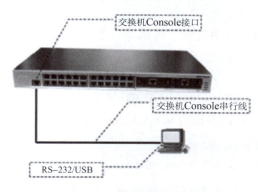

图1-29　网络设备与计算机连接示意

除了用 Console 接口连接计算机进行设备配置，还有如下几种常用的配置方式。

（1）Telnet 方式。通过 Telnet 方式远程登录设备进行配置，详见 1.2.3 小节。

（2）Web 页面配置。通过一些网管软件或 Web 方式对交换机进行远程配置，优点是使用方便，缺点是有的命令无法在 Web 页面完成。

（3）通过 TFTP 服务器实现对配置文件的保存、下载和恢复等操作，简单方便。

在 eNSP 中，可以直接在命令行进行配置。由于华为 eNSP 模拟器无法在主机中通过 Console 串行线连接网络设备进行配置，所以本小节将直接在网络设备中进行配置。但在实际情况中，华为设备可通过 Console 串行线连接主机进行配置。

2. 实验需求

现有两台路由器将用于网络搭建，请完成对设备的基础查看和配置操作。

3. 实验步骤

下面以路由器 AR2220 为例进行实验。

（1）创建网络拓扑。

打开 eNSP，创建图 1-30 所示的网络拓扑（图中 GE0/0/0 接口是 GigabitEthernet0/0/0 的简写），路由器选择 AR2220，设备连线选择 Copper。

图1-30　网络拓扑

（2）查看系统信息。

启动 AR2220，双击 AR2220 图标进入命令行界面，执行 display version 命令，查看路由器的软件版本与硬件信息，命令如下：

```
<Huawei>display version
Huawei Versatile Routing Platform Software
VRP(R)software,Version 5. 160(AR2200 V200R007C00SPC600)
Copyright(C)2011-2016 HUAWEI TECH CO. ,LTD
Huawei AR2220E Router uptime is 0 week,3 days,21 hours,43 minutes
BKP 0 version information:
. . . output omit. . .
```

可以看到，命令回显信息中包含了通用路由平台（Versatile Routing Platform，VRP）版本、设备型号和启动时间等信息。

（3）修改系统时间。

系统会自动保存时间，但如果时间不正确（可先执行 display clock 命令查看），则可以在用户视图下执行 clock timezone 命令和 clock datetime 命令修改系统时间，命令如下：

```
<Huawei>clock timezone Local add 08:00:00
<Huawei>clock datetime 12:00:00 2024-01-09
```

可以修改 Local 字段为当前地区的时区名称。如果当前时区位于 UTC+0 时区的西部，则需要把 add 字段修改为 minus。例如，北京时间为东八区，即 UTC+8。

执行 display clock 命令查看生效的新系统时间，命令如下：

```
<Huawei>display clock
2024-01-09 12:00:10
Friday
Time Zone(Local):UTC+08:00
```

（4）帮助功能和命令自动补全功能。

在任意视图下输入"?"，按〈Enter〉键即可获得该视图支持的所有命令及其简单描述。在系统中输入命令时，"?"是通配符，〈Tab〉键是自动补全命令的快捷键。

在输入信息后输入"?"，按〈Enter〉键可查看以输入字母开头的命令。例如，输入"dis?"，按〈Enter〉键后设备将输出所有以 dis 开头的命令。

另外，可以使用〈Tab〉键补全命令。例如，输入"dis"后，按〈Tab〉键可以将命令补全为"display"。如果有多个以 dis 开头的命令存在，则在多个命令之间循环切换。

命令在不发生歧义的情况下可以使用简写，如 display 命令可以简写为 dis 或 disp 等，interface 命令可以简写为 int 或 inter 等：

```
<Huawei>display ?
  Cellular                 Cellular interface
  aaa                      AAA
  access-user              User access
```

accounting-scheme	Accounting scheme
acl	<Group> acl command group
actived-alarm	Actived alarm
actual	Current actual
alarm	Alarm
als	Als
antenna	Current antenna that outputting radio
anti-attack	Specify anti-attack configurations
ap	<Group> ap command group
ap-auth-mode	Display AP authentication mode

. . . More. . .

如果一屏显示不下，则屏幕最后一行会显示"More"，按〈Enter〉键或〈Space〉键将继续显示，如果需要退出显示，则可以按其他任意键。

（5）进入系统视图修改设备名称。

配置设备时，为了便于区分，往往给设备定义不同的名称。这里参照网络拓扑，修改设备名称。执行 system-view 命令可以进入系统视图，然后执行 sysname 命令修改设备名称：

```
<Huawei>system-view
Enter system view,return user view with Ctrl+Z.
```

修改 R1 路由器的设备名称为 R1，命令如下：

```
[Huawei]sysname R1
[R1]
```

修改 R3 路由器的设备名称为 R3，命令如下：

```
[Huawei]sysname R3
[R3]
```

（6）配置 Console 接口参数。

登录 Console 接口提供不验证、AAA 验证和 password 验证 3 种方式。不验证（默认情况）是指用户无须通过验证即可通过 Console 接口登录设备，此种方式没有安全保证。AAA 验证需要输入用户名和密码。password 验证即密码认证，只需要输入密码。密码又可以设置为明文（Simple）或密文（Cipher）方式，密文方式为加密存储密码，在显示相关查询时，密码显示为乱码，无法查看。下面以 password 验证密文方式进行配置，在 1.2.3 小节里将采用 AAA 方式验证。

系统经过没有任何操作的一定时间后，会自动退出该配置界面，再次登录时会根据系统要求，提示输入密码进行验证，这段时间被称为空闲时间。空闲时间默认为 10 min，下面设置空闲时间为 20 min，命令如下：

```
[R1]user-interface console 0                    //进入 Console 接口设置界面
[R1-ui-console0]authentication-mode password    //验证模式为密码模式
[R1-ui-console0]set authentication password cipher a123
```

//设置密码 a123 并以密文方式保存,注意,有些 VRP 系统在输入上一条命令并按〈Enter〉键后直接输入密码

[R1-ui-console0] idle-timeout 20 0　　　　　　　　//设置空闲超时时间为 20 分钟 0 秒

执行 display this 命令，查看配置结果，display this 命令用于显示此接口的配置信息：

```
[R1-ui-console0]display this
[V200R003C00]
#
user-interface con 0
authentication-mode password
set authentication password cipher % $ % $ "&/' OOe>"4YDrm $ F+l(R,. OD% 46G8z = F[C<nNR% x
$ g+<. OG,% $ % $
idle-timeout 20 0
user-interface vty 0 4
user-interface vty 16 20
#
return
```

退出系统，并使用新配置的密码登录系统。需要注意的是，在路由器第一次初始化启动时，也需要配置密码，命令如下：

```
[R1-ui-console0]return
<R1>quit
    Configuration console exit,please press any key to log on
Login authentication
Password:
<R1>
```

注意：在"Password:"后面输入的密码默认是隐藏的，输入时将不会显示。

（7）配置接口的 IP 地址和描述信息。

配置 R1 上 GigabitEthernet0/0/0 接口的 IP 地址。使用点分十进制格式（如 255.255.255.0）或根据子网掩码前缀长度配置子网掩码，命令如下：

```
[R1]interface GigabitEthernet0/0/0
[R1-GigabitEthernet0/0/0]ip address 10. 0. 13. 1 24          //24 为子网掩码前缀长度
[R1-GigabitEthernet0/0/0]description This interface connects to R3-G0/0/0
```

在当前接口视图下，执行 display this 命令查看配置结果：

```
[R1-GigabitEthernet0/0/0]display this
[V200R007C00SPC600]
#
interface GigabitEthernet0/0/0
description This interface connects to R3-G0/0/0
ip address 10. 0. 13. 1 255. 255. 255. 0
#
return
```

执行 display interface 命令查看接口信息：

```
[R1]display interface GigabitEthernet0/0/0
GigabitEthernet0/0/0 current state:UP
Line protocol current state:UP
Last line protocol up time:2024-01-11 04:13:09
Description:This interface connects to R3-G0/0/0
Route Port,The Maximum Transmit Unit is 1500
Internet Address is 10.0.13.1/24
IP Sending Frames' Format is PKTFMT_ETHNT_2,Hardware address is 5489-9876-830b
Last physical up time:2024-01-10 03:24:01
Last physical down time:2024-01-10 03:25:29
Current system time:2024-01-11 04:15:30
Port Mode:FORCE COPPER
Speed:   100,   Loopback:NONE
Duplex:FULL,   Negotiation:ENABLE
Mdi:AUTO,   Clock:-
Last 300 seconds input rate 2296 bits/sec,1 packets/sec
Last 300 seconds output rate 88 bits/sec,0 packets/sec
Input peak rate 7392 bits/sec,Record time:2024-01-10 04:08:41
Output peak rate 1120 bits/sec,Record time:2024-01-10 03:27:56
Input:   3192 packets,895019 bytes
   Unicast:0,Multicast:1592
   Broadcast:1600,Jumbo:0
   Discard:0,Total Error:0
   CRC:0,Giants:0
   Jabbers:0,Throttles:0
   Runts:0,Symbols:0
   Ignoreds:0,Frames:0
Output:181 packets,63244 bytes
   Unicast:0,Multicast:0
   Broadcast:181,Jumbo:0
   Discard:0,Total Error:0
   Collisions:0,ExcessiveCollisions:0
   Late Collisions:0,Deferreds:0
     Input bandwidth utilization threshold:100.00%
     Output bandwidth utilization threshold:100.00%
     Input bandwidth utilization:0.01%
Output bandwidth utilization:0%
```

从命令回显信息中可以看到，接口的物理状态与协议状态均为 Up，表示对应的物理层与数据链路层均可用。

配置 R3 上 GigabitEthernet0/0/0 接口的 IP 地址与描述信息，命令如下：

[R3]interface GigabitEthernet 0/0/0

[R3-GigabitEthernet0/0/0]ip address 10. 0. 13. 3 255. 255. 255. 0

[R3-GigabitEthernet0/0/0]description This interface connects to R1-G0/0/0

配置完成后，执行 ping 命令测试 R1 和 R3 间的连通性：

<R1>ping 10. 0. 13. 3

  PING 10. 0. 13. 3:56   data bytes,press CTRL_C to break

   Reply from 10. 0. 13. 3:bytes=56 Sequence=1 ttl=255 time=35 ms

   Reply from 10. 0. 13. 3:bytes=56 Sequence=2 ttl=255 time=32 ms

   Reply from 10. 0. 13. 3:bytes=56 Sequence=3 ttl=255 time=32 ms

   Reply from 10. 0. 13. 3:bytes=56 Sequence=4 ttl=255 time=32 ms

   Reply from 10. 0. 13. 3:bytes=56 Sequence=5 ttl=255 time=32 ms

  . . . 10. 0. 13. 3 ping statistics. . .

   5 packet(s)transmitted

   5 packet(s)received

   0. 00% packet loss

round-trip min/avg/max=32/32/35 ms

从命令回显信息中可以看出，R1 和 R3 间的连通性没有问题。

（8）执行 undo 命令删除配置。

undo 命令一般用来恢复默认设置、禁用或删除某项配置。几乎每条配置命令都有对应的 undo 命令，在某条命令前加 "undo" 关键字即为 undo 命令。

使用 undo 命令可以恢复默认设置。例如，可以使用 undo 命令恢复 R3 的默认系统名称：

[R3]undo sysname

[Huawei]

使用 undo 命令禁用或关闭某些功能。例如，在做配置时，往往会出现设置更新提示信息，如果需要这些提示信息，则可在系统模式下使用 undo info-center enable 命令关闭提示：

[R1-GigabitEthernet0/0/1]ip address 192. 168. 1. 254 24

  Jan 10 2024 16:53:43-08:00 R1 %%01IFNET/4/LINK_STATE(l)[0]:The line protocol IP on the interface GigabitEthernet0/0/1 has entered the UP state.

[R1-GigabitEthernet0/0/1]quit

[R1]undo info-center enable

使用 undo 命令可以删除某项设置。例如，要删除 R1 GigabitEthernet0/0/0 接口的 IP 地址设置，命令如下：

[R1]interface Ethernet 0/0/0

[R1-Ethernet0/0/0]undo ip address

再次执行 display interface 命令，查看此接口信息：

[R1]display interface GigabitEthernet0/0/0

GigabitEthernet0/0/0 current state:UP

Line protocol current state:DOWN

```
Description:this interface connects to R3-G0/0/0
Route Port,The Maximum Transmit Unit is 1500
Internet protocol processing:disabled
IP Sending Frames' Format is PKTFMT_ETHNT_2,Hardware address is 00e0-fcdc-1d67
...
```

从命令回显信息中可以看到，与步骤(7)相比，该接口的 IP 地址被删除了。

（9）保存当前配置。

通过命令对设备完成配置时，需要将当前配置保存到配置文件中，这样系统在关闭或重启后，配置才能仍然有效。在做完配置后，应该在用户视图下使用 save 命令保存当前配置文件：

```
<R1>save
    The current configuration will be written to the device.
    Are you sure to continue?(y/n)[n]:y          //如果要保存,则输入 y
    It will take several minutes to save configuration file,please wait. . .
    Configuration file had been saved successfully
    Note:The configuration file will take effect after being activated
```

（10）查看当前配置信息。

执行 display current-configuration 命令查看已保存的配置信息：

```
<R1>display current-configuration
[V200R003C00]
#
    sysname R1
#
    snmp-agent local-engineid 800007DB03000000000000
    snmp-agent
#
    clock timezone local add 08:00:00
#
portal local-server load flash:/portalpage. zip
...
```

1.2.3 Telnet 远程登录设备

任务要求

任务目的： 实现通过 Telnet 远程登录设备，设置 AAA 验证登录。

实验操作： 按下面的实验步骤进行操作。

习题：

（1）password 验证和 AAA 验证有什么不同？

（2）命令"user-interface vty 0 4"中，vty 0 4 是什么意思？

（3）命令"local-user admin123 privilege level 15"中，15 是什么级别？

1. Telnet 远程终端协议

在 1.2.2 小节中介绍过，除了用 Console 接口连接计算机进行设备配置，还可以通过 Telnet 方式远程登录设备进行配置。

Telnet 远程登录使用户能够在自己的主机上通过网络远程登录到另一台设备，并对这台设备进行远程操作。主机使用者可以在 Telnet 程序中输入命令，这些命令会在远程设备上运行，从而实现在本地就能远程控制远端设备。

2. 实验需求

为了方便远程操控路由器设备，需要对其进行远程登录操作配置，并设置登录验证。

3. 实验步骤

在华为模拟器中，PC 没有 Telnet 功能，这里使用两台路由器来建立网络拓扑，其中一台作为模拟 PC，另一台作为 Telnet 被访问设备，即需要远程登录的对象，也就是 Telnet Server。

（1）创建网络拓扑。

打开 eNSP，创建图 1-31 所示的网络拓扑，两台路由器选择 AR2220，设备连线选择 Copper。

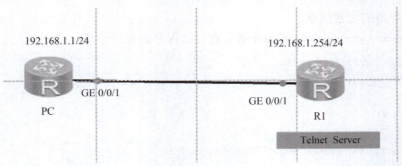

图 1-31　网络拓扑

（2）设备重命名并配置 IP 地址。

对 Telnet Server 进行重命名和设置 IP 地址，命令如下：

```
<Huawei>system-view
Enter system view,return user view with Ctrl+Z.
[Huawei]sysname R1
[R1]int g0/0/1
[R1-GigabitEthernet0/0/1]ip address 192.168.1.254 24
```

对 Telnet 客户端进行重命名和设置 IP 地址，命令如下：

```
<Huawei>system-view
Enter system view,return user view with Ctrl+Z.
[Huawei]sysname PC
[PC]int g0/0/1
[PC-GigabitEthernet0/0/1]ip address 192.168.1.1 24
```

（3）在 R1 上开启 Telnet 功能并配置 AAA 验证，命令如下：

```
[R1]telnet server enable
Error:TELNET server has been enabled          //说明 Telnet 功能默认开通了
[R1]user-interface vty 0 4                     //进入用户虚拟终端接口 0-4
[R1-ui-vty0-4]authentication-mode aaa          //验证方式为 AAA
[R1-ui-vty0-4]aaa                              //切换到 AAA 业务视图
[R1-aaa]local-user admin123 password cipher admin123  //配置用户名和密码
Info:Add a new user.
[R1-aaa]local-user admin123 service-type telnet  //该用户用于 Telnet
[R1-aaa]local-user admin123 privilege level 15   //用户等级为 15
[R1-aaa]quit
```

（4）在 PC 上登录验证，命令如下：

```
<PC>telnet 192.168.1.254                       // Telnet 登录 R1 设备
  Press CTRL_] to quit telnet mode
  Trying 192.168.1.254...
  Connected to 192.168.1.254...
Login authentication
Username:admin123                              //输入用户名"admin123"
Password:                                      //输入密码"admin123",默认是隐藏的
<R1>                                           //登录成功
```

项目 2

搭建小型局域网

任务 1 制作线缆

任务要求

任务目的：掌握双绞线的制作标准、制作工具的用法和制作方法。

实验操作：准备实验水晶头、网线、网线钳和网线测试仪，按下面的实验步骤进行操作，可以选择制作直通线，也可选择制作交叉线，并进行测通。

1. 双绞线及其制作标准

双绞线（Twisted Pair）是综合布线中常用的传输媒介之一，它由两根相互绝缘的铜导线相互绞缠而成，如图 2-1 所示，每对线使用不同颜色以便区分。根据外部是否有金属屏蔽层，双绞线可以分为屏蔽双绞线（Shielded Twisted Pair，STP）和非屏蔽双绞线（Unshielded Twisted Pair，UTP）。两根铜导线绞缠在一起是因为这样可以减小信号之间的串扰，如果外界电磁信号在两根铜导线上产生的干扰大小相等而相位相反，那么这个干扰信号就会相互抵消。

双绞线常用于双机直连和多机互连，使用双绞线连接设备的时候，需要使用 RJ-45 接头（水晶头），常用的 RJ-45 接头如图 2-2 所示，它有 8 根线。将双绞线和 RJ-45 接头连接在一起，就完成了双绞线的制作。常用的双绞线的制作标准是 T568A 和 T568B。这两个标准最主要的不同在于芯线序列，按图 2-2 和图 2-3 中的线序标号连接，两个标准的线序排列如下。

图 2-1　双绞线

图 2-2　常用的 RJ-45 接头

T568A：白绿—绿—白橙—蓝—白蓝一橙—白棕—棕。

T568B：白橙—橙—白绿—蓝—白蓝—绿—白棕—棕。

制作双绞线时，如果是计算机等网络设备连接交换机，则使用直通线。直通线是指双绞线两端的 RJ-45 接头与双绞线的连接均按 T568A 或 T568B 标准制作，即双绞线两端的线序排列一致，在实际工程中更多采用的是 T568B 标准，如图 2-4 上边所示。

同种设备或同种接口之间级连（如交换机之间使用普通接口级连）时，使用交叉线连接。制作交叉线时，双绞线两端的 RJ-45 接头的一头按 T568A 标准制作，另一头按 T568B 标准制作，即双绞线两端的线序排列不同，如图 2-4 下边所示。

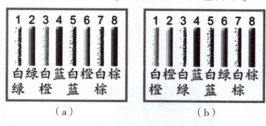

图 2-3　T568A 和 T568B 线序标准

（a）T568A；（b）T568B

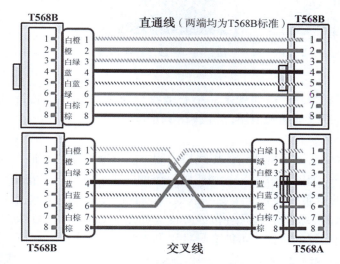

图 2-4　直通线和交叉线

由于现在大多数新的网络设备支持接口自动检测收发线对和自适应线序反转，直通线和交叉线都能连通，必须使用交叉线的情况很少，所以通常只需要制作直通线，即两端都采用 T568B 标准。

2. 实验需求

在搭建局域网前，首先需要将网络设备用双绞线连接起来，因此需要根据实际情况制作相应标准和长度的线缆，并对制作好的线缆进行测通。

3. 实验步骤

制作交叉线和制作直通线的基本步骤是一样的，不同之处在于端头的芯线的排列规则是否一致。

（1）剥线。

将需要制作的双绞线（网线）放入压线钳圆形刀口处，将网线胶皮剪掉约 2 cm 的长度，如图 2-5 所示，露出 8 根不同颜色的线。使用压线钳时，注意稍用力压住手柄，使压线钳在网线的垂直方向上来回旋转 60°左右，一定要小心，不要破坏里面的线。

（2）理线。

依次拆开每对线，按线序标准（如白橙、橙、白绿、蓝、白蓝、绿、白棕、棕）理好 8 根线。注意，每根线都要理直，顺序不能乱，如图 2-6 所示。

（3）切线。

把网线尽量伸直、压平、挤紧、捋顺，然后用切线钳或压线钳前面的刀口剪齐，留下约 1.5 cm 的长度，如图 2-7 所示。注意，网线的长度不能太长也不能太短。

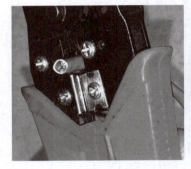
图 2-5　剥除外皮约 2 cm

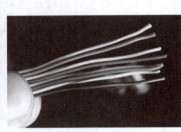
图 2-6　按线序标准理线

图 2-7　剪齐网线

（4）连接。

将水晶头有塑料弹片的一面朝下，小心地将全部网线塞入水晶头的引脚槽。仔细检查，一定要确保每根线都插到顶端，如图 2-8 所示。

（5）压线。

把带网线的水晶头放入网线钳的压线口，用力压紧网线钳的手柄，以保证金属引脚能够和网线良好接触，如图 2-9 所示。当听到轻微的一声响时，表示安装到位。注意，一定使 RJ-45 水晶头的金属引脚充分接触到双绞线的铜芯线，并注意水晶头和网线外皮之间的连接情况，使水晶头接口处能压住网线外皮，如图 2-10 所示。如果双绞线内的 8 根线露出太多，则拔插网线的时候，可能会导致水晶头脱落。

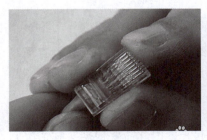
图 2-8　将网线插入水晶头

图 2-9　压线

图 2-10　压住网线外皮

（6）测试。

根据制作需要，按上述步骤制作另一端接头，完成整根网线两端接头的制作。

在双绞线制作完成后，一种方法是使用网线测试仪来测试线缆的连通性。将网线的两个水晶头分别插入测线器的 RJ-45 接头，打开网线测试仪的电源开关，根据网线测试仪的指示灯亮/灭情况判断该连线的连通性，如图 2-11 所示。仔细查看连接两边网线的网线测试仪的指示灯同步亮起的顺序。

图 2-11　用网线测试仪测试网线的连通性

如果是直通线，则网线测试仪两边依次同步亮灯的顺序为：1、2、3、4、5、6、7、8。

如果是交叉线，则网线测试仪主机(发送方)亮灯的顺序为：1、2、3、4、5、6、7、8，副机(接收方)同步亮灯的顺序为：3、6、1、4、5、2、7、8。

若中途出现有灯未亮起或顺序不对的情况，则说明网线制作有问题，需要把 RJ-45 接头断开，重新制作。

另一种方法是使用万用表测试线缆的连通性，根据测试线缆两端 RJ-45 接头的相应引脚间的电阻来判定连线两端相应两点的导通情况。

任务2　集线器、交换机组建局域网

2.2.1　集线器组建局域网

任务要求

任务目的：掌握集线器组建局域网的方法，理解集线器组网的特点和工作方式。

实验操作：按照实验步骤进行操作，完成单个集线器组网和多个集线器组网，并进行数据包转发测试，观察比特流的轨迹。

习题：

(1)PC1 发送给 PC2 的数据包在其他 PC 的网络接口上也能接收到，这些 PC 终端最终会接收这些数据包吗？为什么？

(2)在实验步骤 3 的步骤(2)中，HUB1 的 Ethernet0/0/1 接口和 Ethernet0/0/2 接口、HUB2 的 Ethernet0/0/0 接口和 Ethernet0/0/1 接口的抓包情况是否一致？这说明了什么？

1. 集线器介绍

最初的局域网(以太网)采用总线型拓扑，后来发展为以集线器为中心的星形拓扑，可以将集线器想象为一根总线。集线器内部用集成电路代替总线，所以集线器的星形网络在逻辑上仍然是一个总线型网络，如图 2-12 所示。

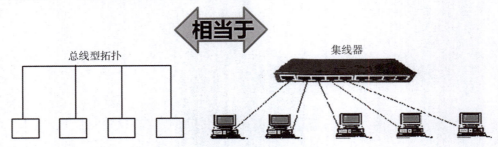

图 2-12 集线器的星形网络相当于一个总线型网络

集线器是一个有源设备。集线器通常用来直接连接主机，从一个接口接收信号，对信号进行整形放大后将其从所有其他接口转发出去。集线器工作在物理层，并不识别比特流里面的帧，也不进行碰撞检测，只做简单的物理层的转发。集线器及其所连接的所有主机都属于同一个碰撞域，如果信号发生碰撞，那么主机将无法接收到正确的比特流。

2. 实验需求

本实验用集线器实现简单局域网组建，并通过测试理解集线器组网的特点和工作方式。测试是采用一台主机去 ping 另一台主机，并通过 Wireshark 抓包来观察集线器的数据转发方式，从而理解碰撞域。

3. 实验步骤

(1)单个集线器组网。

打开 eNSP，在网络设备区单击"其他设备"里的"HUB"图标和"终端"里的"PC"图标，创建图 2-13 所示的单个集线器组网拓扑。

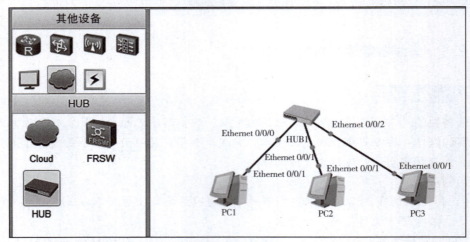

图 2-13 单个集线器组网拓扑

各 PC 的 IP 地址应配置在同一网段，如表 2-1 所示。

表 2-1 IP 地址规划

设备名称	IP 地址	子网掩码
PC1	192. 168. 1. 1	255. 255. 255. 0
PC2	192. 168. 1. 2	255. 255. 255. 0
PC3	192. 168. 1. 3	255. 255. 255. 0

给 3 台 PC 配置好静态 IP 后，“启动”所有设备，一个简单的单个集线器局域网即组建完成，任意 PC 间可以 ping 通，各 PC 间可以实现相互通信。

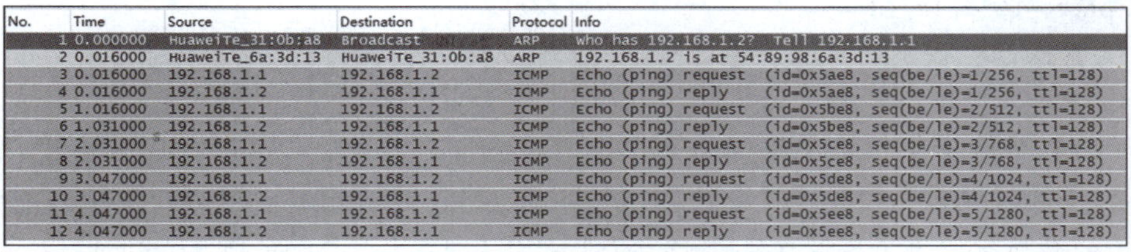

下面进行数据包转发测试，制造数据包，从 PC1 ping PC2，并观察比特流的轨迹。在 HUB1 的 Ethernet0/0/1 接口和 Ethernet0/0/2 接口启动抓包功能，打开 PC1 命令行界面，ping PC2 的 IP 地址 192. 168. 1. 2，如图 2-14 所示，能够 ping 通。在 HUB1 的 Ethernet0/0/1 接口和 Ethernet0/0/2 接口对应的 Wireshark 抓包界面上可以看到有相同的数据包收发记录，如图 2-15和图 2-16 所示。PC1 ping PC2 的 request 数据包除了在 HUB1 的 Ethernet0/0/1 接口转发出去，也在 Ethernet0/0/2 接口转发出去了，而 PC2 回复 PC1 的 reply 数据包除了在 HUB1 的 Ethernet0/0/0 接口转发出去，也在 Ethernet0/0/2 接口转发出去了。这说明集线器接收到数据包后，会将数据包从入口以外的其他所有接口转发出去，因此这 3 台 PC 属于同一个碰撞域。

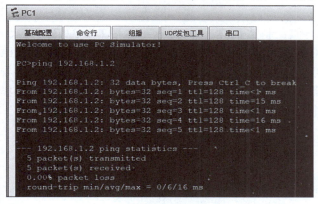

图 2-14 PC1 ping PC2

No.	Time	Source	Destination	Protocol	Info
1	0.000000	HuaweiTe_31:0b:a8	Broadcast	ARP	Who has 192.168.1.2? Tell 192.168.1.1
2	0.016000	HuaweiTe_6a:3d:13	HuaweiTe_31:0b:a8	ARP	192.168.1.2 is at 54:89:98:6a:3d:13
3	0.016000	192.168.1.1	192.168.1.2	ICMP	Echo (ping) request (id=0x5ae8, seq(be/le)=1/256, ttl=128)
4	0.016000	192.168.1.2	192.168.1.1	ICMP	Echo (ping) reply (id=0x5ae8, seq(be/le)=1/256, ttl=128)
5	1.016000	192.168.1.1	192.168.1.2	ICMP	Echo (ping) request (id=0x5be8, seq(be/le)=2/512, ttl=128)
6	1.031000	192.168.1.2	192.168.1.1	ICMP	Echo (ping) reply (id=0x5be8, seq(be/le)=2/512, ttl=128)
7	2.031000	192.168.1.1	192.168.1.2	ICMP	Echo (ping) request (id=0x5ce8, seq(be/le)=3/768, ttl=128)
8	2.031000	192.168.1.2	192.168.1.1	ICMP	Echo (ping) reply (id=0x5ce8, seq(be/le)=3/768, ttl=128)
9	3.047000	192.168.1.1	192.168.1.2	ICMP	Echo (ping) request (id=0x5de8, seq(be/le)=4/1024, ttl=128)
10	3.047000	192.168.1.2	192.168.1.1	ICMP	Echo (ping) reply (id=0x5de8, seq(be/le)=4/1024, ttl=128)
11	4.047000	192.168.1.1	192.168.1.2	ICMP	Echo (ping) request (id=0x5ee8, seq(be/le)=5/1280, ttl=128)
12	4.047000	192.168.1.2	192.168.1.1	ICMP	Echo (ping) reply (id=0x5ee8, seq(be/le)=5/1280, ttl=128)

图 2-15 HUB1 的 Ethernet0/0/1 接口的抓包情况

No.	Time	Source	Destination	Protocol	Info
1	0.000000	HuaweiTe_31:0b:a8	Broadcast	ARP	Who has 192.168.1.2? Tell 192.168.1.1
2	0.016000	HuaweiTe_6a:3d:13	HuaweiTe_31:0b:a8	ARP	192.168.1.2 is at 54:89:98:6a:3d:13
3	0.016000	192.168.1.1	192.168.1.2	ICMP	Echo (ping) request (id=0x5ae8, seq(be/le)=1/256, ttl=128)
4	0.016000	192.168.1.2	192.168.1.1	ICMP	Echo (ping) reply (id=0x5ae8, seq(be/le)=1/256, ttl=128)
5	1.016000	192.168.1.1	192.168.1.2	ICMP	Echo (ping) request (id=0x5be8, seq(be/le)=2/512, ttl=128)
6	1.031000	192.168.1.2	192.168.1.1	ICMP	Echo (ping) reply (id=0x5be8, seq(be/le)=2/512, ttl=128)
7	2.031000	192.168.1.1	192.168.1.2	ICMP	Echo (ping) request (id=0x5ce8, seq(be/le)=3/768, ttl=128)
8	2.031000	192.168.1.2	192.168.1.1	ICMP	Echo (ping) reply (id=0x5ce8, seq(be/le)=3/768, ttl=128)
9	3.047000	192.168.1.1	192.168.1.2	ICMP	Echo (ping) request (id=0x5de8, seq(be/le)=4/1024, ttl=128)
10	3.047000	192.168.1.2	192.168.1.1	ICMP	Echo (ping) reply (id=0x5de8, seq(be/le)=4/1024, ttl=128)
11	4.047000	192.168.1.1	192.168.1.2	ICMP	Echo (ping) request (id=0x5ee8, seq(be/le)=5/1280, ttl=128)
12	4.047000	192.168.1.2	192.168.1.1	ICMP	Echo (ping) reply (id=0x5ee8, seq(be/le)=5/1280, ttl=128)

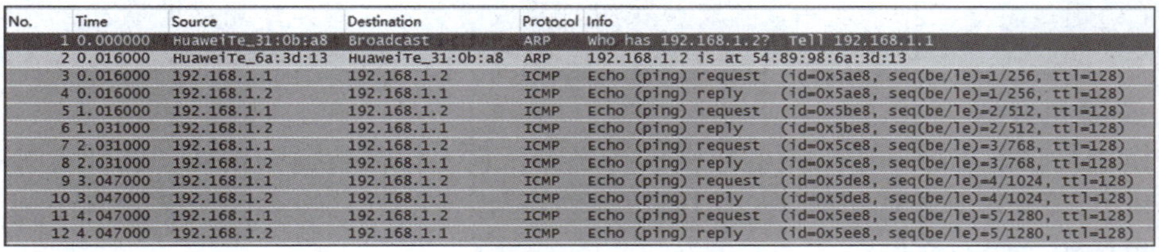

图 2-16 HUB1 的 Ethernet0/0/2 接口的抓包情况

（2）多个集线器组网（使用集线器扩展以太网）。

在上面的网络拓扑中增加一台 HUB2 和两台终端 PC4、PC5 来扩展以太网，如图 2-17 所示。这两台 PC 的 IP 地址如表 2-2 所示，和前面 3 台在同一个子网。

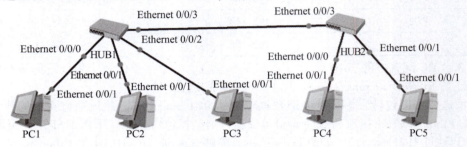

图 2-17 多个集线器组网

表 2-2 PC4 和 PC5 的 IP 地址

设备名称	IP 地址	子网掩码
PC4	192.168.1.4	255.255.255.0
PC5	192.168.1.5	255.255.255.0

与前面的操作类似，制造数据包，从 PC1 ping PC2，观察比特流的轨迹。分别在 HUB1 的 Ethernet0/0/1 接口和 Ethernet0/0/2 接口、HUB2 的 Ethernet0/0/0 接口和 Ethernet0/0/1 接口启动抓包，观察数据包收发情况是否一致。从实验可以看出，一台主机所发出的数据包被集线器转发到所有其他主机上，即使它们连接在不同的集线器上，这说明所有主机都处在同一个碰撞域中。

2.2.2 二层交换机组建局域网

任务要求

任务目的：掌握交换机组建局域网的方法，理解交换机组网的特点和工作方式，了解 ping 命令数据包内容。

实验操作：按下面实验步骤进行操作。

习题：

（1）在实验步骤 3 的步骤（2）中，当 PC1 ping PC2 时，LSW2 下面连接的 PC4～PC6 能接收到数据包吗？为什么？

（2）在实现步骤 3 的步骤（3）中，为什么图 2-19 中有 5 次请求（request）报文和 5 次应答（reply）报文？

（3）通过实验数据收发测试，交换机组建局域网和集线器组建局域网有什么不同？

1. 交换机介绍

交换机是目前局域网中常用的组网设备之一，它工作在数据链路层，因此常被称为二层交换机。实际上，交换机有可工作在三层或三层以上的型号设备，为了表述方便，这里的交换机仅指二层交换机。

数据链路层传输的协议数据单元为帧，不同于工作在物理层的集线器，交换机可以根据帧中的目的 MAC 地址进行有选择的转发，而不是一味地向所有其他接口转发（广播），这依赖交换机中的交换表（转发表或 MAC 地址表）。当交换机接收到一个帧时，会根据帧里面的目的 MAC 地址去查找 MAC 地址表，并根据查找结果将其从对应接口转发出去，这种转发方式使网络的性能得到极大的提升。交换机的这种转发特性使接口间可以并行通信。例如，当1接口和2接口通信时，并不影响3接口和4接口同时进行通信，当然，前提是交换机必须有足够的背板带宽。

交换机通常有很多接口，如24接口或48接口等，这些接口在组网中被直接用来连接主机。交换机的接口一般都工作在全双工模式下（不运行 CSMA/CD 协议）。

2. 实验需求

本实验用二层交换机实现简单局域网的组建，并通过测试理解交换机组网的特点和工作方式。测试是采用一台主机去 ping 另一台主机，并通过 Wireshark 抓包来观察帧结构，从而理解交换机的转发过程。

3. 实验步骤

（1）创建网络拓扑并配置 IP 地址。

打开 eNSP，选择 S3700 交换机和 PC 终端，创建图 2-18 所示的交换机组建局域网的网络拓扑。各 PC 的 IP 地址应配置在同一网段，如表 2-3 所示。

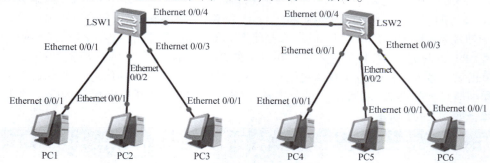

图 2-18　交换机组建局域网的网络拓扑

表 2-3　IP 地址规划

设备名称	IP 地址	子网掩码
PC1	192.168.1.1	255.255.255.0
PC2	192.168.1.2	255.255.255.0
PC3	192.168.1.3	255.255.255.0
PC4	192.168.1.4	255.255.255.0
PC5	192.168.1.5	255.255.255.0
PC6	192.168.1.6	255.255.255.0

给各 PC 配置好静态 IP 后，启动所有设备，一个简单的交换机局域网即组建完成，任意 PC 间可以 ping 通，各 PC 间可以实现相互通信。这种情况下，只要主机的 IP 地址在同一个网段，主机之间就可以 ping 通。

（2）组网测试。

下面进行数据包转发测试，制造数据包，从 PC1 ping PC2，并观察数据包的轨迹。在

LSW1 的 Ethernet0/0/2 接口、Ethernet0/0/3 接口和 Ethernet0/0/4 接口启动抓包功能,打开 PC1 的命令行界面,ping PC2 的 IP 地址 192.168.1.2。在 LSW1 的 Ethernet0/0/2 接口对应的 Wireshark 抓包界面上,可以看到关于 ICMP ping 命令的数据包收发记录,如图 2-19 所示,而在 Ethernet0/0/3 接口和 Ethernet0/0/4 接口没有此类数据包转发记录。这说明 LSW1 的 Ethernet0/0/1 接口接收到数据包后只会将数据包向 PC2 所在接口(即 Ethernet0/0/2 接口)转发,其他接口则不会转发。

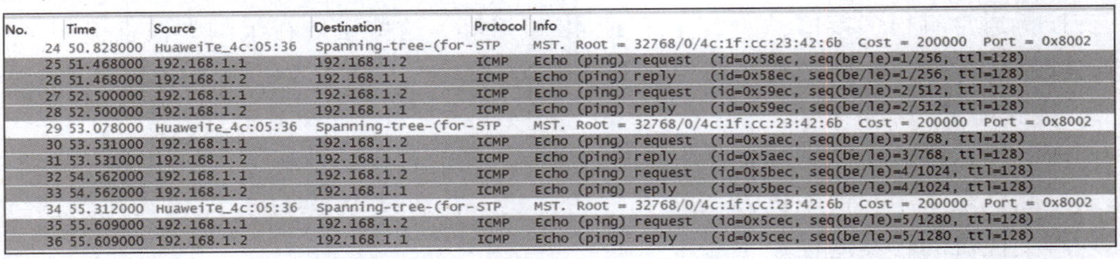

No.	Time	Source	Destination	Protocol	Info
24	50.828000	HuaweiTe_4c:05:36	Spanning-tree-(for-STP		MST. Root = 32768/0/4c:1f:cc:23:42:6b Cost = 200000 Port = 0x8002
25	51.468000	192.168.1.1	192.168.1.2	ICMP	Echo (ping) request (id=0x58ec, seq(be/le)=1/256, ttl=128)
26	51.468000	192.168.1.2	192.168.1.1	ICMP	Echo (ping) reply (id=0x58ec, seq(be/le)=1/256, ttl=128)
27	52.500000	192.168.1.1	192.168.1.2	ICMP	Echo (ping) request (id=0x59ec, seq(be/le)=2/512, ttl=128)
28	52.500000	192.168.1.2	192.168.1.1	ICMP	Echo (ping) reply (id=0x59ec, seq(be/le)=2/512, ttl=128)
29	53.078000	HuaweiTe_4c:05:36	Spanning-tree-(for-STP		MST. Root = 32768/0/4c:1f:cc:23:42:6b Cost = 200000 Port = 0x8002
30	53.531000	192.168.1.1	192.168.1.2	ICMP	Echo (ping) request (id=0x5aec, seq(be/le)=3/768, ttl=128)
31	53.531000	192.168.1.2	192.168.1.1	ICMP	Echo (ping) reply (id=0x5aec, seq(be/le)=3/768, ttl=128)
32	54.562000	192.168.1.1	192.168.1.2	ICMP	Echo (ping) request (id=0x5bec, seq(be/le)=4/1024, ttl=128)
33	54.562000	192.168.1.2	192.168.1.1	ICMP	Echo (ping) reply (id=0x5bec, seq(be/le)=4/1024, ttl=128)
34	55.312000	HuaweiTe_4c:05:36	Spanning-tree-(for-STP		MST. Root = 32768/0/4c:1f:cc:23:42:6b Cost = 200000 Port = 0x8002
35	55.609000	192.168.1.1	192.168.1.2	ICMP	Echo (ping) request (id=0x5cec, seq(be/le)=5/1280, ttl=128)
36	55.609000	192.168.1.2	192.168.1.1	ICMP	Echo (ping) reply (id=0x5cec, seq(be/le)=5/1280, ttl=128)

图 2-19　LSW1 的 Ethernet0/0/2 接口 ping 命令的数据包转发记录

(3)数据包分析。

下面对图 2-19 中 LSW1 的 Ethernet0/0/2 接口 ping 命令的数据包收发记录进行分析。

图 2-19 所示深色部分第 1 条是 PC1(源地址为 192.168.1.1)给 PC2(目的地址为 192.168.1.2)的 ping 命令请求(request)报文,从 LSW1 的 Ethernet0/0/2 接口转出;第 2 条是 PC2(源地址为 192.168.1.1)给 PC1(目的地址为 192.168.1.2)的 ping 命令应答(reply)报文,从 LSW1 的 Ethernet0/0/2 接口进入。总共有 5 次请求(request)报文和 5 次应答(reply)报文。

单击第 1 条 ICMP request 数据包记录,可在下面的数据包详细信息栏中看到该条数据包的详细信息,如图 2-20 所示。可单击最左侧的⊞按钮,展开更多信息内容。对信息内容的解释如图 2-21 所示。

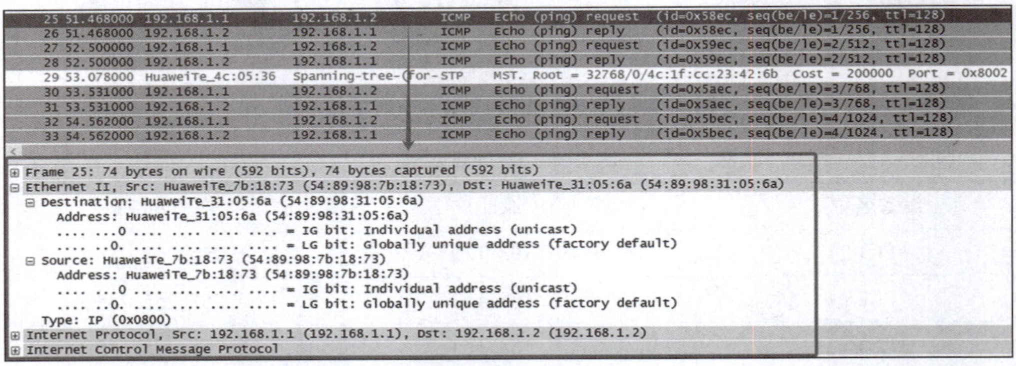

图 2-20　ICMP request 数据包的详细信息

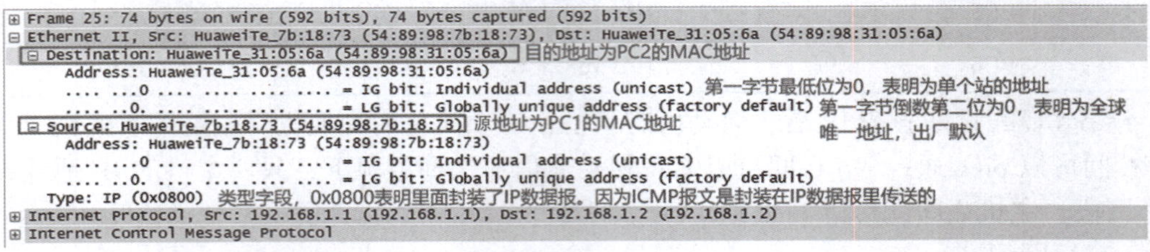

图 2-21　ICMP request 数据包信息解释

单击第 2 条 ICMP reply 数据包记录，在下面的数据包详细信息栏中可以看到该条数据包的详细信息，如图 2-22 所示。

```
⊞ Frame 26: 74 bytes on wire (592 bits), 74 bytes captured (592 bits)
⊟ Ethernet II, Src: HuaweiTe_31:05:6a (54:89:98:31:05:6a), Dst: HuaweiTe_7b:18:73 (54:89:98:7b:18:73)
  ⊟ Destination: HuaweiTe_7b:18:73 (54:89:98:7b:18:73)  目的地址为PC1的MAC地址
      Address: HuaweiTe_7b:18:73 (54:89:98:7b:18:73)
      .... ...0 .... .... .... .... = IG bit: Individual address (unicast)
      .... ..0. .... .... .... .... = LG bit: Globally unique address (factory default)
  ⊟ Source: HuaweiTe_31:05:6a (54:89:98:31:05:6a)  源地址为PC1的MAC地址
      Address: HuaweiTe_31:05:6a (54:89:98:31:05:6a)
      .... ...0 .... .... .... .... = IG bit: Individual address (unicast)
      .... ..0. .... .... .... .... = LG bit: Globally unique address (factory default)
      Type: IP (0x0800)
⊞ Internet Protocol, Src: 192.168.1.2 (192.168.1.2), Dst: 192.168.1.1 (192.168.1.1)
⊞ Internet Control Message Protocol
```

图 2-22　ICMP reply 数据包的详细信息

从图 2-21 和图 2-22 中可以看出，LSW1 的 Ethernet0/0/2 接口转出数据帧和进入的数据帧中源 MAC 地址和目的 MAC 地址对调了。这是因为转出数据帧是 PC1 给 PC2 的 request 消息，源 MAC 地址是 PC1 的 MAC 地址，目的 MAC 地址是 PC2 的 MAC 地址，而进入的数据帧是 PC2 给 PC1 的 reply 消息，源 MAC 地址是 PC2 的 MAC 地址，目的 MAC 地址是 PC1 的 MAC 地址。

从上述内容可知，PC1 发给 PC2 的 ping 请求（request）数据包是从 LSW1 的 Ethernet0/0/1 接口进入的，只从 Ethernet0/0/2 接口转出，现在再来分析一下这个 request 数据包被交换机 LSW1 转发后源 MAC 地址和目的 MAC 地址的变化情况。

在 LSW1 的 Ethernet0/0/1 接口和 Ethernet0/0/2 接口进行抓包，再次在 PC1 上 ping PC2，可以看到无论是进入交换机还是转出交换机的数据帧，其源 MAC 地址和目的 MAC 地址都没有被改变。这说明尽管每个交换机接口都有各自的 MAC 地址，但进/出交换机接口并不会改变数据帧中的源 MAC 地址和目的 MAC 地址。

2.2.3　交换机的 MAC 地址表及其管理

任务要求

　　任务目的：掌握交换机的 MAC 地址表，理解地址表自学习原理，掌握地址表的老化时间、静态 MAC 地址表项、黑洞 MAC 地址表项和禁用/开启接口的 MAC 地址学习功能的管理和配置。

　　实验操作：按下面标题 2 中的实验步骤（2）和标题 3 中的实验步骤进行操作。

　　习题：

　　（1）在交换机组网中，如果一台 PC 发送的是一个广播包，那么 MAC 地址表会更新吗？交换机会如何转发？

　　（2）交换机 MAC 地址表的老化时间对网络有什么影响？

　　（3）为什么在下面标题 3 的（4）中禁用交换机的一个接口的 MAC 地址学习功能后，显示交换机 MAC 地址表与没有禁用前相同？

1. 交换机的 MAC 地址表

从 2.2.2 小节的实验中可知，交换机接收到给某个主机的数据包后，只会向该主机所在的接口转出。那么它是怎么知道向哪个接口转出的呢？这是因为交换机是根据 MAC 地址表来转发数据帧的，这也是它和集线器（没有 MAC 地址表）的主要区别。

（1）MAC 地址表内容。

MAC 地址表记录了 MAC 地址与交换机接口的对应关系，以及接口所属的 VLAN 等信息，其结构如表 2-4 所示。每个表项包括 4 个属性：MAC 地址、VLAN 标识（VLAN ID）、接口和有效时间（称为老化时间）。一般情况下，MAC 地址表由交换机通过学习源 MAC 地址自动生成。

表 2-4　MAC 地址表的结构示例

MAC 地址	VLAN 标识（VLAN ID）	接口	老化时间/s
54：89：98：11：05：4a	10	E0/0/1	300
54：89：98：24：13：6c	20	E0/0/2	300
54：89：98：01：25：01	30	E0/0/8	300

为适应网络拓扑的变化和网卡的更换，MAC 地址表需要不断更新。MAC 地址表中自动生成的表项（即动态表项）并非永远有效，每个表项都有一个生存周期，到达生存周期仍得不到刷新的表项将被删除，这个生存周期被称为老化时间。如果在到达生存周期前某个表项被更新，则重新计算该表项的老化时间。

（2）MAC 地址表表项的分类。

MAC 地址表中的表项一般分为 3 类：动态表项、静态表项和黑洞表项。这些表项的特点和作用如表 2-5 所示。

表 2-5　MAC 地址表表项的特点和作用

表项的类型	特点	作用
动态表项	通过学习帧中的源 MAC 地址获得，可被更新和老化； 如果帧的入接口与该表项中的接口不同，则进行 MAC 地址学习，并覆盖该表项； 如果帧的入接口与该表项中的接口相同，则转发该报文，并更新该表项的老化时间； 在系统复位、接口板热插拔或接口板复位后，表项会丢失	通过查看动态 MAC 地址表项，可以判断两台相连设备之间是否有数据转发； 通过查看指定动态 MAC 地址表项的个数，可以获取接口下通信的设备数
静态表项	由用户手工配置，不会老化； 在系统复位、接口板热插拔或接口板复位后，表项不会丢失； 接口和 MAC 地址静态绑定后，其他接口若接收到源 MAC 地址是该 MAC 地址的帧，则被丢弃该帧； 一个静态表项只能绑定一个接口； 一个接口和 MAC 地址静态绑定后，不会影响该接口动态表项的学习	通过接口和 MAC 地址的静态绑定，可以防止其他用户使用该 MAC 地址进行攻击，保护授权用户的安全访问
黑洞表项	由用户手工配置，不会老化； 在系统复位、接口板热插拔或接口板复位后，表项不会丢失； 配置黑洞 MAC 地址后，源 MAC 地址或目的 MAC 地址是该 MAC 地址的帧将被丢弃	通过配置黑洞 MAC 地址表项，可以过滤掉非法用户，防止攻击

2. 交换机的 MAC 地址表自学习功能的查看和老化时间的设置

（1）自学习算法。

交换机会运行自学习算法来自动维护 MAC 地址表。交换机从某接口接收到一数据帧后，先进行自学习，然后进行帧的转发处理。

交换机首先从数据帧中取得源 MAC 地址，然后查找 MAC 地址表，检查其中是否有与接收到帧的源地址相匹配的 MAC 地址。若没有，那么就在 MAC 地址表中增加一个表项，记录源 MAC 地址、所属 VLAN、进入的接口和老化时间；若有，则更新原有的表项，更新其进入的接口和老化时间。

交换机从数据帧中取得目的 MAC 地址后，查找 MAC 地址表，检查其中是否有与接收到帧的目的 MAC 地址相匹配的地址。若没有，则向所有其他接口（进入的接口除外）转发（称为广播）；若有，则检查该 MAC 地址所在接口是否与数据帧进入的接口相同。若相同，即 MAC 地址表中给出的接口就是该数据帧进入交换机的接口，则丢弃这个帧；若不同，且接口处于转发（Forwarding）状态，则按 MAC 地址表中给出的接口进行转发（称为单播）。

（2）实验步骤。

1）查看 MAC 地址表自学习情况。

①这里仍然采用 2.2.2 小节的网络拓扑（图 2-18）。查看该实验的网络拓扑中各 PC 的 MAC 地址信息，将其填到表 2-6 中对应括号内。

表 2-6　IP 地址规划

设备名称	对应交换机的接口	IP 地址	子网掩码	MAC 地址（根据实际情况填写）
PC1	LSW1 E0/0/1	192.168.1.1	255.255.255.0	54-89-98-7B-18-73（　　　　　　　）
PC2	LSW1 E0/0/2	192.168.1.2	255.255.255.0	54-89-98-31-05-6A（　　　　　　　）
PC3	LSW1 E0/0/3	192.168.1.3	255.255.255.0	54-89-98-AF-7F-BA（　　　　　　　）
PC4	LSW2 E0/0/1	192.168.1.4	255.255.255.0	54-89-98-27-6E-9D（　　　　　　　）
PC5	LSW2 E0/0/2	192.168.1.5	255.255.255.0	54-89-98-CF-5F-5B（　　　　　　　）
PC6	LSW2 E0/0/3	192.168.1.6	255.255.255.0	54-89-98-AD-1A-DD（　　　　　　　）

本实验通过不同主机间发送的数据帧来查看交换机的 MAC 地址表的学习变化情况，分析交换机 MAC 地址表的自学习过程。

发送数据包的顺序依次为：PC1→PC4，PC5→PC6。可采用 eNSP 模拟 PC 的 UDP 发包工具来发送数据包（产生以太网帧），在 PC 的设置窗口里选择"UDP 发包工具"选项卡，以 PC1→PC4 发送数据包为例，PC1 的 UDP 发包工具配置如图 2-23 所示。

注意：要正确配置源 MAC 地址、目的 MAC 地址、源 IP 地址、目的 IP 地址，这里在 UDP"源端口号"和"目的端口号"文本框中都输入"555"。为了避免操作时间较长导致 MAC 地址表项超时，建议把需要发送数据包的 PC1 和 PC5 的 UDP 发包工具都配置好，但不要单击"发送"按钮。

图 2-23 PC1 的 UDP 发包工具配置

②将 LSW1 和 LSW2 交换机分别重命名为 S1 和 S2，执行 undo mac-address 命令清空交换机 S1 和 S2 的 MAC 地址表。执行 display mac-address 命令查看交换机的 MAC 地址表，其中没有任何内容，命令如下：

```
<Huawei>
<Huawei>system-view
[Huawei]sysname S1
[S1]undo mac-address
[S1]display mac-address
[S1]
```

③下面是 PC1→PC4 发送数据包设置。执行 display mac-address 命令查看交换机 S1 和交换机 S2 的 MAC 地址表。交换机 S1 的 MAC 地址表如下：

```
[S1]display mac-address
MAC address table of slot 0:
-----------------------------------------------------------------------
MAC Address      VLAN/      PEVLAN CEVLAN  Port      Type       LSP/LSR-ID
                 VSI/SI                                         MAC-Tunnel
-----------------------------------------------------------------------
5489-987b-1873   1          -      -       Eth0/0/1  dynamic    0/-

-----------------------------------------------------------------------
Total matching items on slot 0 displayed=1
```

交换机 S2 的 MAC 地址表如下：

```
[S2]display mac-address
MAC address table of slot 0:
```

MAC Address	VLAN/ VSI/SI	PEVLAN CEVLAN		Port	Type	LSP/LSR-ID MAC-Tunnel
5489-987b-1873	1	-	-	Eth0/0/4	dynamic	0/-

```
Total matching items on slot 0 displayed=1
```

④下面是 PC5→PC6 发送数据包设置。查看交换机 S1 和交换机 S2 的 MAC 地址表。交换机 S1 的 MAC 地址表如下：

```
[S1]display mac-address
MAC address table of slot 0:
```

MAC Address	VLAN/ VSI/SI	PEVLAN CEVLAN		Port	Type	LSP/LSR-ID MAC-Tunnel
5489-987b-1873	1	-	-	Eth0/0/1	dynamic	0/-
5489-98cf-5f5b	1	-	-	Eth0/0/4	dynamic	0/-

```
Total matching items on slot 0 displayed=2
```

交换机 S2 的 MAC 地址表如下：

```
[S2]display mac-address
MAC address table of slot 0:
```

MAC Address	VLAN/ VSI/SI	PEVLAN CEVLAN		Port	Type	LSP/LSR-ID MAC-Tunnel
5489-987b-1873	1	-	-	Eth0/0/4	dynamic	0/-
5489-98cf-5f5b	1	-	-	Eth0/0/2	dynamic	0/-

```
Total matching items on slot 0 displayed=2
```

可以看出，交换机 S1 和 S2 的 MAC 地址表自学习进行了更新，记录的是源地址和入接口。

对 PC3 和 PC5 的接口启动抓包功能，再次使用 UDP 发包工具，从 PC2 向所有 PC 发送一个广播数据帧（目的 MAC 地址设置为广播地址 FF-FF-FF-FF-FF-FF），查看 S1 和 S2 的 MAC 地址表更新情况，查看 PC3 和 PC5 是否接收到该广播包，完成本任务的习题(1)。

2）设置交换机的 MAC 地址表的老化时间。

上面的实验使用 display mac-address 命令显示出的交换机的 MAC 地址表的类型(Type) 为"dynamic"，即动态，交换机能够自学习，不断更新。对已经学习到的一个地址表项，在一定时间内,如果此表项没有更新,则将会被删除。在上面的实验中,如果一段时间内没有进行 UDP 发包操作,则 MAC 地址表将被删除清空。某个表项没有被更新就会被删除的时间取决于老化时间。那么,老化时间应设置得长一点好还是短一点好呢?执行以下实验操作感受一下。

①执行 display mac-address aging-time 命令,查看交换机 S1 和交换机 S2 的 MAC 地址表的老化时间:

```
[S1]display mac-address aging-time
    Aging time:
300 seconds
```

②执行 undo mac-address 命令,分别清空交换机 S1 和交换机 S2 的 MAC 地址表,并将其老化时间改为 1 000 s:

```
[S1]undo mac-address
[S1]mac-address aging-time 1000
[S2]undo mac-address
[S2]mac-address aging-time 1000
```

③首先使用 UDP 发包工具从 PC1→PC4 发送数据,然后从 PC4→PC1 发送数据,最后将 PC4 从连接到交换机 S2 改为连接到交换机 S1(注意删除连线时不要删除设备),在 PC4 的接口启动抓包功能,再用 UDP 发包工具从 PC1→PC4 发送数据。

在 Wireshark 中查看 PC4 接口的抓包情况,发现没有捕获到该 UDP 分组,分别查看交换机 S1 和交换机 S2 的 MAC 地址表。发现 MAC 地址表并没有根据 PC4(MAC 地址 5489-9827-6e9d)的网络拓扑变化而更新,命令如下:

```
[S1]display mac-address
MAC address table of slot 0:
```

MAC Address	VLAN/ VSI/SI	PEVLAN	CEVLAN	Port	Type	LSP/LSR-ID MAC-Tunnel
5489-987b-1873	1	–	–	Eth0/0/1	dynamic	0/–
5489-9827-6e9d	1	–	–	Eth0/0/4	dynamic	0/–

```
Total matching items on slot 0 displayed=2

[S2]display mac-address
MAC address table of slot 0:
```

MAC Address	VLAN/ VSI/SI	PEVLAN	CEVLAN	Port	Type	LSP/LSR-ID MAC-Tunnel
5489-987b-1873	1	–	–	Eth0/0/4	dynamic	0/–

```
Total matching items on slot 0 displayed=1
```

④分别清空交换机 S1 和交换机 S2 的 MAC 地址表，并将其老化时间改为 30 s，命令如下：

```
[S1]undo mac-address
[S1]mac-address aging-time 30
[S2]undo mac-address
[S2]mac-address aging-time 30
```

⑤使用 UDP 发包工具从 PC4→PC1 发送数据，然后将 PC4 从连接到交换机 S1 改为连接到交换机 S2，重新在 PC4 的接口启动抓包功能，立即用 UDP 发包工具从 PC1→PC4 发送数据。注意，这一步的操作应控制在 30 s 内。PC4 的接口没有抓到 UDP 包。

⑥30 s 过后，用 UDP 发包工具从 PC1→PC4 发送数据，PC4 的接口能够抓到 UDP 包，如图 2-24 所示。

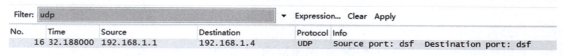

图 2-24　PC4 的接口抓到了 UDP 包

3. 交换机 MAC 地址表的拓展配置

上面实验中看到的 MAC 地址表的类型是动态表项，根据某些应用需求，交换机还可以配置静态表项和黑洞表项。下面对交换机的 MAC 地址表进行拓展配置，包括配置静态 MAC 地址表项、配置黑洞 MAC 地址表项和禁用/开启接口的 MAC 地址学习功能。

为了方便说明应用，交换机的 MAC 地址表的拓展配置统一使用图 2-25 所示的网络拓扑来进行。

（1）创建网络拓扑并配置 IP 地址。

创建网络拓扑，在"终端"里单击"Server"图标，交换机选择 S5700，建立如图 2-25 所示的网络拓扑。

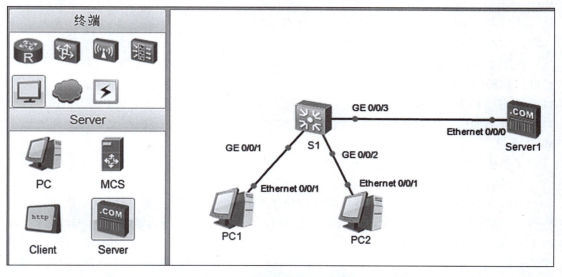

图 2-25　交换机 MAC 地址表的拓展配置的网络拓扑

对各 PC 和服务器 Server1 进行 IP 地址配置，IP 地址规则如表 2-7 所示。查看该网络中各 PC 和 Server1 的 MAC 地址信息，填到表 2-7 中对应括号内。

表 2-7 IP 地址规划

设备名称	对应交换机的接口	IP 地址	子网掩码	MAC 地址（根据实际情况填写）
PC1	S1 GE0/0/1	192.168.1.1	255.255.255.0	54-89-98-4D-42-0A （　　　　　　）
PC2	S1 GE0/0/2	192.168.1.2	255.255.255.0	54-89-98-C9-47-95 （　　　　　　）
Server1	S1 GE0/0/3	192.168.1.3	255.255.255.0	54-89-98-2D-25-66 （　　　　　　）

（2）配置静态 MAC 地址表项。

1）静态 MAC 地址表项。

当以太网交换机通过学习数据帧的源 MAC 地址自动建立 MAC 地址表时，无法区分该数据帧是来自合法用户还是非法用户，这带来了安全隐患。如果非法用户将攻击数据帧的源 MAC 地址伪装成合法用户的 MAC 地址，并从交换机的其他接口进入，那么交换机就会学习到错误的 MAC 地址表项，于是将本应转发给合法用户的数据帧转发给了非法用户。为了提高安全性，可手动在 MAC 地址表中加入特定 MAC 地址表项，将用户设备与接口绑定，从而防止非法用户骗取数据。

静态 MAC 地址表项一般是为了防止假冒身份的非法用户骗取数据，由人工手动在 MAC 地址表中添加合法用户的 MAC 地址后所生成的表项。静态 MAC 地址表项具有如下特性。

①静态 MAC 地址表项不会老化，保存后设备重启时不会消失，只能手动删除。

②静态 MAC 地址表项中指定的 VLAN 必须已经创建，且已经加入绑定的接口。

③静态 MAC 地址表项中指定的 MAC 地址必须是单播 MAC 地址，不能是组播和广播 MAC 地址。

④静态 MAC 地址表项的优先级高于动态 MAC 地址表项。

2）实验步骤。

在图 2-25 所示的网络拓扑中，为避免交换机在转发目的 MAC 地址为服务器 MAC 地址的数据帧时进行广播，要求在交换机上将服务器的 MAC 地址设置为静态表项，使交换机始终通过 GE0/0/3 接口单播发送去往服务器的数据帧，同时把 PC1 和 PC2 的 MAC 地址与接口静态绑定，使其只有从指定接口接入时才能访问服务器。下面在交换机上配置静态 MAC 地址。

①创建图 2-25 所示的网络拓扑并启动设备。

②通信测试。

分别双击 PC1 和 PC2，在各自弹出的设置窗口中选择"命令行"选项卡。分别在命令行界面中执行 ping 命令，测试 PC1、PC2 是否能相互通信，是否能与 Server1 通信。以 PC1 为例，ping 测试命令如下：

```
PC>ping 192.168.1.2
PC>ping 192.168.1.3
```

双击"Server1"图标，在弹出的设置窗口中选择"基础配置"选项卡。在"PING 测试"区域的"目的 IPv4"文本框中分别输入 PC1 和 PC2 的 IPv4 地址，在"次数"文本框中输入大于 0 的正整数，例如 4，测试 Server1 是否能与 PC1 和 PC2 通信，如图 2-26 所示，测试结果将会显示在选项卡下方。

图 2-26 Server1 ping PC1 连通

③查看各类型的 MAC 地址表项。

在配置静态 MAC 地址表项前，先查看 S1 的地址表项情况。

注意：因为 MAC 地址表有老化时间限制，所以在执行完步骤②后立即执行以下步骤，否则老化时间到后，MAC 地址表会被清空。

双击工作区中交换机"S1"图标，打开命令行界面，执行以下命令：

```
<huawei>system-view
[huawei]sysname S1
[S1]display mac-address            //显示交换机的 MAC 地址表
MAC address table of slot 0:
-------------------------------------------------------------------------
MAC Address     VLAN/      PEVLAN CEVLAN     Port     Type     LSP/LSR-ID
                VSI/SI                                         MAC-Tunnel
-------------------------------------------------------------------------
5489-98c9-4795  1          -      -          GE0/0/2  dynamic  0/-
5489-984d-420a  1          -      -          GE0/0/1  dynamic  0/-
5489-982d-2566  1          -      -          GE0/0/3  dynamic  0/-
-------------------------------------------------------------------------
Total matching items on slot 0 displayed=3
[S1]display mac-address static     //显示交换机 MAC 地址表的静态表项
```

```
[S1]display mac-address dynamic                    //显示交换机 MAC 地址表的动态表项
MAC address table of slot 0:
```

MAC Address	VLAN/ VSI/SI	PEVLAN CEVLAN		Port	Type	LSP/LSR-ID MAC-Tunnel
5489-98c9-4795	1	–	–	GE0/0/2	dynamic	0/–
5489-984d-420a	1	–	–	GE0/0/1	dynamic	0/–
5489-982d-2566	1	–	–	GE0/0/3	dynamic	0/–

```
Total matching items on slot 0 displayed=3
[S1]display mac-address gigabitethernet 0/0/3
                                          //显示交换机接口 GE0/0/3 的 MAC 地址表项
MAC address table of slot 0:
```

MAC Address	VLAN/ VSI/SI	PEVLAN CEVLAN		Port	Type	LSP/LSR-ID MAC-Tunnel
5489-982d-2566	1	–	–	GE0/0/3	dynamic	0/–

```
Total matching items on slot 0 displayed=1
[S1]display mac-address static gigabitethernet 0/0/3
//显示交换机接口 GE0/0/3 的静态表项
[S1]display mac-address dynamic gigabitethernet 0/0/3
//显示交换机接口 GE0/0/3 的动态表项
MAC address table of slot 0:
```

MAC Address	VLAN/ VSI/SI	PEVLAN CEVLAN		Port	Type	LSP/LSR-ID MAC-Tunnel
5489-982d-2566	1	–	–	GE0/0/3	dynamic	0/–

```
Total matching items on slot 0 displayed=1
[S1]display mac-address vlan 1
//显示交换机 VLAN 1 的 MAC 地址表项,默认情况下交换机所有接口都属于 VLAN 1
MAC address table of slot 0:
```

MAC Address	VLAN/ VSI/SI	PEVLAN CEVLAN		Port	Type	LSP/LSR-ID MAC-Tunnel
5489-98c9-4795	1	–	–	GE0/0/2	dynamic	0/–
5489-984d-420a	1	–	–	GE0/0/1	dynamic	0/–
5489-982d-2566	1	–	–	GE0/0/3	dynamic	0/–

Total matching items on slot 0 displayed=3

[S1]display mac-address static vlan 1　　　　　　//显示交换机 VLAN 1 的静态表项

[S1]display mac-address dynamic vlan 1　　　　　//显示交换机 VLAN 1 的动态表项

MAC address table of slot 0:

MAC Address	VLAN/ VSI/SI	PEVLAN	CEVLAN	Port	Type	LSP/LSR-ID MAC-Tunnel
5489-98c9-4795	1	-	-	GE0/0/2	dynamic	0/-
5489-984d-420a	1	-	-	GE0/0/1	dynamic	0/-
5489-982d-2566	1	-	-	GE0/0/3	dynamic	0/-

Total matching items on slot 0 displayed=3

④配置静态 MAC 地址表项并查看。

在 S1 上添加静态 MAC 地址表项，GE0/0/1 接口对应 PC1，GE0/0/2 接口对应 PC2，GE0/0/3 接口对应 Server1。使用默认设置时，所有接口都属于 VLAN 1。

[S1]mac-address static5489-984d-420a gigabitethernet 0/0/1 vlan 1

//在 GE0/0/1 接口添加静态 MAC 地址表项,5489-984d-420a 是 PC1 的 MAC 地址,所有接口默认都属于 VLAN 1

[S1]mac-address static 5489-98c9-4795 gigabitethernet 0/0/2 vlan 1

[S1]mac-address static 5489-982D-2566 gigabitethernet 0/0/3 vlan 1

[S1]display mac-address

MAC address table of slot 0:

MAC Address	VLAN/ VSI/SI	PEVLAN	CEVLAN	Port	Type	LSP/LSR-ID MAC-Tunnel
5489-984d-420a	1	-	-	GE0/0/1	static	-
5489-98c9-4795	1	-	-	GE0/0/2	static	-
5489-982d-2566	1	-	-	GE0/0/3	static	-

Total matching items on slot 0 displayed=3

[S1]display mac-address static

MAC address table of slot 0:

MAC Address	VLAN/ VSI/SI	PEVLAN	CEVLAN	Port	Type	LSP/LSR-ID MAC-Tunnel
5489-984d-420a	1	-	-	GE0/0/1	static	-
5489-98c9-4795	1	-	-	GE0/0/2	static	-
5489-982d-2566	1	-	-	GE0/0/3	static	-

Total matching items on slot 0 displayed=3

[S1]display mac-address dynamic

⑤测试验证。

执行 ping 命令,测试发现 PC1、PC2 和 Server1 三者之间能够相互连通。

删除 PC1 与交换机的 GE0/0/1 接口的连线,重新将 PC1 连入交换机的 GE0/0/5 接口。执行 ping 命令测试 PC1、PC2 和 Server1 三者之间的连通性,发现 PC1 与 PC2 或 Server1 相互都不能连通,PC2 和 Server1 相互能连通。

⑥删除静态 MAC 地址表项。

删除交换机 S1 的所有静态 MAC 地址表项并查看,命令如下:

```
[S1]undo mac-address static 5489-984d-420a gigabitethernet 0/0/1 vlan 1
                // 删除 GE1 接口对应的 PC1 MAC 地址的静态表项
[S1]undo mac-address static 5489-98c9-4795 gigabitethernet 0/0/2 vlan 1
[S1]undo mac-address static 5489-982d-2566 gigabitethernet 0/0/3 vlan 1
[S1]display mac-address
[S1]display mac-address static
```

(3)配置黑洞 MAC 地址表项。

1)黑洞 MAC 地址表项。

黑洞 MAC 地址表项通常被称为黑名单,配置黑洞 MAC 地址表项可以防止非法用户攻击。当交换机接收到的帧的源 MAC 地址或目的 MAC 地址是配置的黑洞 MAC 地址时,就直接丢弃该帧。

华为交换机提供以下两种配置黑洞 MAC 地址的方式。

①全局黑洞 MAC 地址。交换机接收到源 MAC 地址或目的 MAC 地址为配置的黑洞 MAC 地址的帧时丢弃帧。

②基于 VLAN 的黑洞 MAC 地址。在指定 VLAN 中接收到源 MAC 地址或目的 MAC 地址为配置的黑洞 MAC 地址的帧时丢弃帧。

2)实验步骤。

在图 2-25 所示的网络拓扑中,发现 PC2 的用户经常未授权访问服务器,需要禁止 PC2 对网络的访问,为此需要将 PC2 的 MAC 地址配置为黑洞 MAC 地址。

①通信测试。

执行 ping 命令,测试发现 PC1、PC2、Server1 三者之间能够相互通信。

②配置黑洞 MAC 地址表项并查看。

在 S1 上配置黑洞 MAC 地址表项,将 PC2 的 MAC 地址添加为黑洞表项。使用默认设置时,所有接口都属于 VLAN 1,命令如下:

```
[S1]mac-address blackhole 5489-98c9-4795 vlan 1
//配置基于 VLAN 1 的黑洞 MAC 地址表项,将 PC2 的 MAC 地址 5489-98c9-4795 添加为黑洞表项
[S1]display mac-address
MAC address table of slot 0:
```

MAC Address	VLAN/ VSI/SI	PEVLAN	CEVLAN	Port	Type	LSP/LSR-ID MAC-Tunnel
5489-98c9-4795	1	–	–	–	blackhole	–

```
-----------------------------------------------------------------------------
Total matching items on slot 0 displayed=1
[S1]display mac-address blackhole
MAC address table of slot 0:
-----------------------------------------------------------------------------
MAC Address      VLAN/      PEVLAN CEVLAN      Port      Type      LSP/LSR-ID
                 VSI/SI                                            MAC-Tunnel
-----------------------------------------------------------------------------
5489-98c9-4795   1          -        -         -         blackhole  -
-----------------------------------------------------------------------------
Total matching items on slot 0 displayed=1
[S1]display mac-address blackhole vlan 1
MAC address table of slot 0:
-----------------------------------------------------------------------------
MAC Address      VLAN/      PEVLAN CEVLAN      Port      Type      LSP/LSR-ID
                 VSI/SI                                            MAC-Tunnel
-----------------------------------------------------------------------------
5489-98c9-4795   1          -        -         -         blackhole  -
-----------------------------------------------------------------------------
Total matching items on slot 0 displayed=1
```

③测试验证。

执行 ping 命令，测试 PC1、PC2、Server1 三者之间能否相互通信，发现 PC2、Server1 无法与 PC1 通信。

④删除黑洞 MAC 地址表项。

在交换机 S1 的控制台窗口中输入以下命令：

```
[S1]undo mac-address blackhole 5489-98c9-4795 vlan 1    //删除 PC2 MAC 地址的黑洞表项
[S1]display mac-address
[S1]display mac-address blackhole
[S1]
```

（4）禁用/开启接口的 MAC 地址学习功能。

1）背景介绍。

为提高设备的安全性，可以指定某些接口只允许某些 MAC 地址的帧通过。例如，某接口固定与某台服务器相连，可以在该接口上配置该服务器的静态 MAC 地址，且关闭该接口的 MAC 地址学习功能，指定动作为丢弃，这样其他服务器或设备将无法通过该接口通信，从而增强网络的稳定性和安全性。

默认情况下，交换机的 MAC 地址学习功能都是开启的。若禁用 MAC 地址学习功能，则交换机在接收到数据帧时将不会学习 MAC 地址，但之前学习到的动态表项不会被立即删除，而是需要等待老化时间到达后再删除，或者手动删除 MAC 地址表项。

交换机控制 MAC 地址学习功能的方式有以下两种。

①禁用/开启接口的 MAC 地址学习功能。

②禁用/开启 VLAN 的 MAC 地址学习功能。

2）实验步骤。

在图 2-25 所示的网络拓扑中，发现经常有一些计算机接入 S1 交换机的 GE0/0/1 接口并访问服务器。为防止非法访问，保证网络安全，决定禁用 GE0/0/1 接口的 MAC 地址学习功能，丢弃所有源 MAC 地址不匹配的帧。

①通信测试。

执行 ping 命令，测试发现 PC1、PC2、Server1 三者之间能够相互通信。

②禁用接口的 MAC 地址学习功能。

在 S1 上配置禁用接口的 MAC 地址学习，禁用 S1 接入 PC1 的 GE0/0/1 接口的 MAC 地址学习功能。禁止接口学习 MAC 地址，丢弃源 MAC 地址不匹配的帧，命令如下：

```
[S1]display mac-address
MAC address table of slot 0:
-------------------------------------------------------------------------------
MAC Address      VLAN/      PEVLAN CEVLAN    Port      Type       LSP/LSR-ID
                 VSI/SI                                           MAC-Tunnel
-------------------------------------------------------------------------------
5489-984d-420a   1          -      -         GE0/0/1   dynamic    0/-
5489-98c9-4795   1          -      -         GE0/0/2   dynamic    0/-
5489-982d-2566   1          -      -         GE0/0/3   dynamic    0/-
-------------------------------------------------------------------------------
Total matching items on slot 0 displayed=3
[S1]interface gigabitethernet 0/0/1
[S1-GigabitEthernet0/0/1]mac-address learning disable action discard
    // action 为 discard(丢弃)时,帧的源 MAC 地址与静态 MAC 地址表匹配则通过,否则丢弃
    //action 为 forward(转发)时,按照帧的目的 MAC 地址转发(默认配置)
[S1-GigabitEthernet0/0/1]quit
[S1]display mac-address
MAC address table of slot 0:
-------------------------------------------------------------------------------
MAC Address      VLAN/      PEVLAN CEVLAN    Port      Type       LSP/LSR-ID
                 VSI/SI                                           MAC-Tunnel
-------------------------------------------------------------------------------
5489-984d-420a   1          -      -         GE0/0/1   dynamic    0/-
5489-98c9-4795   1          -      -         GE0/0/2   dynamic    0/-
5489-982d-2566   1          -      -         GE0/0/3   dynamic    0/-
-------------------------------------------------------------------------------
Total matching items on slot 0 displayed=3
```

③测试验证。

等待老化时间到达后，执行 ping 命令，测试 PC1、PC2、Server1 三者之间的连通性，

发现 PC1 无法连通。

下面重新连线，删除 PC1 和 PC2 与交换机 S1 的 GE0/0/1 接口和 GE0/0/2 接口的连线，然后重新将 PC1 连入交换机的 GE0/0/2 接口，将 PC2 连入交换机的 GE0/0/1 接口。再次执行 ping 命令测试 PC1、PC2、Server1 三者之间的连通性，发现 PC2 无法连通。这说明 S1 的 GE0/0/1 接口的 MAC 地址学习功能被禁用。

④开启接口的 MAC 地址学习功能，命令如下：

```
[S1]interface gigabitethernet 0/0/1
[S1-GigabitEthernet0/0/1]undo mac-address learning disable    //开启接口的 MAC 地址学习功能
```

执行 ping 命令，测试 PC1、PC2、Server1 三者之间的连通性，发现能够相互连通。

任务3　虚拟局域网配置

基于交换技术发展起来的虚拟局域网（VLAN）是交换式以太网中的一项重要技术。VLAN 较好地解决了局域网（LAN）在扩展性、安全性和管理等方面存在的问题。

划分 VLAN 的典型方法有 5 种，如表 2-8 所示。

表 2-8　VLAN 的划分和介绍

划分方法	说明	适用场景
基于接口	根据交换机的接口划分 VLAN，属于在第 1 层划分 VLAN 的方法。该方法简单常用，但不允许用户移动	适用于任何大小且位置比较固定的网络
基于 MAC 地址	根据数据帧的源 MAC 地址划分 VLAN，属于在第 2 层划分 VLAN 的方法。该方法允许用户移动，但需要管理大量的 MAC 地址	适用于位置经常移动且网卡不经常更换的小型网络
基于协议类型	根据数据帧所属的协议类型及封装格式来划分 VLAN，属于在第 2 层划分 VLAN 的方法	适用于需要同时运行多协议的网络
基于 IP 子网地址	根据数据帧所属的协议类型和 IP 分组首部中的源 IP 地址来划分 VLAN，属于在第 3 层划分 VLAN 的方法	适用于对安全需求不高、对移动性和简易管理需求较高的网络
基于策略	根据配置的策略划分 VLAN，能实现多种组合的划分方式，包括接口、MAC 地址、IP 地址、应用等	适用于需求比较复杂的网络

通常在配置 VLAN 的时候，有静态 VLAN 配置和动态 VLAN 配置两种。

静态 VLAN 配置也就是基于接口的配置。在静态 VLAN 配置中，按交换机上的接口来划分 VLAN，无论将什么设备插入该接口，它都会成为该接口对应 VLAN 的成员。

除基于接口的配置之外的其余划分方法都属于动态 VLAN 配置。动态 VLAN 配置指根据物理地址（MAC 地址）、协议类型、IP 地址、网络账户名称列表或相关应用来配置 VLAN。

在本任务中，将学习静态 VLAN 配置的方法，并配置基于 MAC 地址和 IP 地址的动态 VLAN。

2.3.1　静态 VLAN 配置

任务要求

　　任务目的：理解交换机的接口的链路类型，掌握 VLAN 的静态配置(基于接口划分 VLAN)和查看，理解 VLAN 的功能。

　　实验操作：按照下面实验步骤进行操作。

　　习题：

　　在实验操作中，能创建和删除 VLAN 1 吗？华为交换机的 VLAN 编号有多少个？

1. 接口的链路类型

　　用户可以配置接口的链路类型。链路类型决定了接口能否加入多个 VLAN。接口的链路类型分为 3 种：Access、Trunk 和 Hybrid。不同链路类型的接口在转发帧时，对 VLAN 标记的处理方式是不同的。接口的链路类型的说明如表 2-9 所示。

表 2-9　接口的链路类型的说明

接口的链路类型	允许通过的帧	典型用途	说明
Access	一个 Untagged 帧	连接用户主机、服务器、打印机等；连接到 Access 接口上的设备不知道它是哪个 VLAN 的成员	只能加入一个 VLAN；如果未给 Access 接口配置 VLAN，则该接口属于默认 VLAN 1
Trunk	一个 Untagged(未标记 VLAN)帧，多个 Tagged(标记了 VLAN)帧	连接交换机、路由器、接入点、语音终端等	可以加入多个 VLAN，但不属于某个特定的 VLAN；Trunk 接口的设计目的就是通过一条链路实现多个 VLAN 的跨交换机扩展
Hybrid	支持 Untagged 帧和 Tagged 帧	连接用户主机、服务器、打印机、集线器、交换机、路由器、接入点、语音终端等	不属于任何 VLAN，是交换机接口的默认模式；Hybrid 接口能发送多个 VLAN 的帧，发出去的帧可根据需要配置：某些 VLAN 的帧带 Tag(标记)，某些 VLAN 的帧不带 Tag

2. 实验需求

　　假设某单位有 A 部门和 B 部门，为保护数据安全，要求本部门的数据仅能被本部门的计算机访问，不能被其他部门的计算机访问，试进行静态 VLAN 配置。

3. 实验步骤

　　(1)创建网络拓扑并配置 IP 地址。

　　打开 eNSP，选择交换机 S5700，创建图 2-27 所示的网络拓扑。图中为简化设计，A 部门和 B 部门分别用两台 PC 来组网。完成各 PC 的 IP 配置，IP 地址和 VLAN 规划如表 2-10 所示。

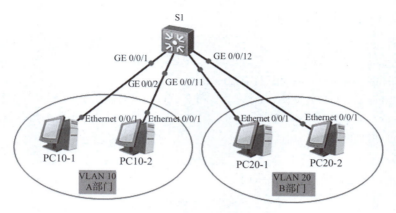

图 2-27　静态 VLAN 网络拓扑

表 2-10　IP 地址和 VLAN 规划

VLAN	PC	IP 地址	子网掩码
VLAN 10	PC10-1	192. 168. 10. 1	255. 255. 255. 0
VLAN 10	PC10-2	192. 168. 10. 2	255. 255. 255. 0
VLAN 20	PC20-1	192. 168. 20. 1	255. 255. 255. 0
VLAN 20	PC20-2	192. 168. 20. 2	255. 255. 255. 0

（2）交换机静态 VLAN 配置。

启动所有设备后，双击"S1"图标打开命令行界面，进行静态 VLAN 配置，即按接口划分 VLAN。

在 S1 上创建 VLAN 10，把 GE0/0/1 和 GE0/0/2 接口的链路类型设置为 Access（代码中不区分大小写），并加入 VLAN 10，命令如下：

```
<Huawei>system-view
[Huawei]sysname S1
[S1]vlan 10          //创建 VLAN 10
[S1-vlan10]quit
[S1]interface gigabitethernet 0/0/1
[S1-GigabitEthernet0/0/1]port link-type access      //链路类型设置为 Access
[S1-GigabitEthernet0/0/1]port default vlan 10        //GE0/0/1 加入 VLAN 10
[S1-GigabitEthernet0/0/1]quit
[S1]interface gigabitethernet 0/0/2
[S1-GigabitEthernet0/0/2]port link-type access
[S1-GigabitEthernet0/0/2]port default vlan 10
[S1-GigabitEthernet0/0/2]quit
```

可以用同样的方法在 S1 上创建 VLAN 20，并把接口 GE0/0/11 和 GE0/0/12 接口加入 VLAN 20。如果加入某个 VLAN 的接口数量很多，对每个接口逐一配置，则会造成大量重复工作，也容易出错。这时可以通过创建接口组的方法对各个接口进行统一配置，也可以执行 port-group group-member 命令，对多个接口执行相同配置。

这里采用执行 port-group group-member 命令的方法，将 S1 的 GE0/0/11～GE0/0/20 共

10 个接口加入 VLAN 20，命令如下：

```
[S1]vlan 20
[S1-vlan20]quit
[S1]port-group group-member g0/0/11 to g0/0/20
[S1-port-group]port link-type access            //按〈Enter〉键后会自动批量做相同配置
[S1-port-group]port default vlan 20             //按〈Enter〉键后会自动批量做相同配置
[S1-port-group]quit
[S1]
```

查看 VLAN 的配置情况，命令如下：

```
[S1]display vlan            //显示交换机中的当前 VLAN 信息
The total number of vlans is:3
--------------------------------------------------------------------------------
U:Up;          D:Down;          TG:Tagged;          UT:Untagged;
MP:Vlan-mapping;               ST:Vlan-stacking;
#:ProtocolTransparent-vlan;     * :Management-vlan;
--------------------------------------------------------------------------------
VID   Type      Ports
--------------------------------------------------------------------------------
1     common   UT:GE0/0/3(D)      GE0/0/4(D)      GE0/0/5(D)      GE0/0/6(D)
                 GE0/0/7(D)      GE0/0/8(D)      GE0/0/9(D)      GE0/0/10(D)
                 GE0/0/21(D)     GE0/0/22(D)     GE0/0/23(D)     GE0/0/24(D)
10    common   UT: GE0/0/1(U)     GE0/0/2(U)
20    common   UT: GE0/0/11(U)    GE0/0/12(U)     GE0/0/13(D)     GE0/0/14(D)
                 GE0/0/15(D)     GE0/0/16(D)     GE0/0/17(D)     GE0/0/18(D)
                 GE0/0/19(D)     GE0/0/20(D)

VID   Status   Property     MAC-LRN Statistics Description
--------------------------------------------------------------------------------
1     enable   default      enable  disable      VLAN 0001
10    enable   default      enable  disable      VLAN 0010
20    enable   default      enable  disable      VLAN 0020
[S1]display port vlan              //显示交换机接口的链路类型和 VLAN 信息
Port                    Link Type    PVID   Trunk VLAN List
--------------------------------------------------------------------------------
GigabitEthernet0/0/1    access       10     -
GigabitEthernet0/0/2    access       10     -
GigabitEthernet0/0/3    hybrid       1      -
GigabitEthernet0/0/4    hybrid       1      -
GigabitEthernet0/0/5    hybrid       1      -
GigabitEthernet0/0/6    hybrid       1      -
GigabitEthernet0/0/7    hybrid       1      -
GigabitEthernet0/0/8    hybrid       1      -
GigabitEthernet0/0/9    hybrid       1      -
```

```
GigabitEthernet0/0/10    hybrid      1       -
GigabitEthernet0/0/11    access     20       -
GigabitEthernet0/0/12    access     20       -
GigabitEthernet0/0/13    access     20       -
GigabitEthernet0/0/14    access     20       -
GigabitEthernet0/0/15    access     20       -
GigabitEthernet0/0/16    access     20       -
GigabitEthernet0/0/17    access     20       -
GigabitEthernet0/0/18    access     20       -
GigabitEthernet0/0/19    access     20       -
GigabitEthernet0/0/20    access     20       -
GigabitEthernet0/0/21    hybrid      1       -
GigabitEthernet0/0/22    hybrid      1       -
GigabitEthernet0/0/23    hybrid      1       -
GigabitEthernet0/0/24    hybrid      1       -
[S1]display vlan 10                  //显示 VLAN 10 的信息
--------------------------------------------------------------------------------
U:Up;          D:Down;          TG:Tagged;           UT:Untagged;
MP:Vlan-mapping;                 ST:Vlan-stacking;
#:ProtocolTransparent-vlan;    * :Management-vlan;
--------------------------------------------------------------------------------
VID   Type    Ports

10    common   UT:GE0/0/1(U)        GE0/0/2(U)
VID   Status  Property       MAC-LRN Statistics Description
--------------------------------------------------------------------------------
10    enable  default        enable   disable     VLAN 0010
```

（3）测试验证。

使用 ping 命令测试 4 台 PC 之间的连通性，测试结果应该是同一个 VLAN 里的 PC 能互通，不同 VLAN 里的 PC 不能互通。

（4）VLAN 的其他基础配置命令说明。

①批量创建 VLAN，命令如下：

```
[S1]vlan batch 30 40 50         //批量创建 VLAN 30、VLAN 40 和 VLAN 50
[S1]vlan batch 30 to 40         //批量创建 VLAN 30~VLAN 40,共 11 个 VLAN
```

②撤销或删除 VLAN，在操作命令的前面使用 undo 关键字即可，命令如下：

```
[S1]undo vlan 30                //删除 VLAN 10
[S1]undo vlan batch 30 40 50    //批量删除 VLAN 30、VLAN 40 和 VLAN 50
[S1]undo vlan batch 30 to 40    //批量删除 VLAN 30~VLAN 40,共 11 个 VLAN
```

③快速恢复接口 VLAN 的默认配置。

默认情况下，交换机的所有接口都只加入 VLAN 1。可以将接口所属的 VLAN 恢复为交换机出厂默认的 VLAN 1。不同类型的华为交换机，其接口恢复默认配置的命令也不同，如表 2-11 所示。

表 2-11　华为交换机接口恢复默认配置的命令

接口的链路类型	恢复默认配置的命令
Access	undo port default vlan
Trunk	undo port trunk pvid vlan undo port trunk allow-pass vlan all port trunk allow-pass vlan 1
Hybrid	undo port hybrid pvid vlan undo port hybrid vlan all port hybrid untagged vlan 1

例如，将接口 4 退出之前加入的 VLAN，恢复到默认 VLAN 1，命令如下：

```
[S1-GigabitEthernet 0/0/4] undo port default vlan
```

2.3.2　动态 VLAN 配置

任务要求

　　任务目的：理解动态 VLAN 的意义，掌握基于 MAC 地址和基于 IP 地址动态划分 VLAN 的配置方法。

　　实验操作：按照下面两种动态划分 VLAN 的实验步骤进行操作。

　　习题：

　　采用基于 MAC 地址的划分方式向 VLAN 10 中添加成员，添加后的 VLAN 10 的配置信息有何不同？

1. 基于 MAC 地址的 VLAN 划分

（1）实验需求。

　　假设某单位有 A 部门和 B 部门，为保护数据安全，已经在 2.3.1 小节中配置了两个静态 VLAN 10 和 VLAN 20。由于工作需要，A 部门和 B 部门经常要开会交流。两个部门各有一间会议室和一台笔记本电脑。现要求这两台笔记本电脑无论在哪个部门的会议室使用，均只能访问本部门的 VLAN。

（2）实验步骤。

1）创建网络拓扑并配置 IP 地址。

　　在图 2-27 所示网络拓扑的基础上进行扩展，如图 2-28 所示，将两个部门的笔记本电脑（Laptop）分别连接到交换机 S1 的 GE0/0/21 和 GE0/0/22 接口。在交换机上按 MAC 地址划分和配置 VLAN，交换机将根据连入 GE0/0/21 和 GE0/0/22 接口的笔记本电脑的 MAC 地址，将其分配到指定的 VLAN。对各 PC 进行 IP 地址配置，IP 地址和 VLAN 规划如表 2-12 所示。查看两台笔记本电脑的 MAC 地址，并记录在表 2-12 中对应括号内。

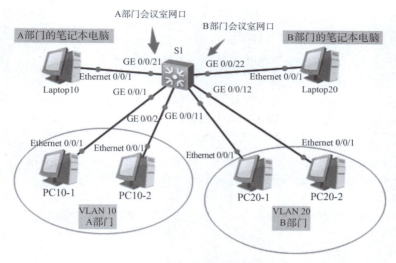

图 2-28 按 MAC 地址划分 VLAN 的网络拓扑

表 2-12 IP 地址和 VLAN 规划

VLAN	设备名称	笔记本电脑的 MAC 地址 （根据实际情况填写）	IP 地址	子网掩码
VLAN 10	PC10-1		192.168.10.1	255.255.255.0
VLAN 10	PC10-2		192.168.10.2	255.255.255.0
VLAN 10	Laptop10	54-89-98-8B-46-F2 （ ）	192.168.10.3	255.255.255.0
VLAN 20	PC20-1		192.168.20.1	255.255.255.0
VLAN 20	PC20-2		192.168.20.2	255.255.255.0
VLAN 20	Laptop20	54-89-98-4F-30-83 （ ）	192.168.20.3	255.255.255.0

2）在交换机上按接口划分 VLAN（静态 VLAN 配置）。

全部设备启动后，按 2.3.1 小节实验步骤 3 步骤（2）的方法将 S1 的 GE0/0/1 和 GE0/0/2 接口划分到 VLAN 10，GE0/0/11 和 GE0/0/12 接口划分到 VLAN 20。

3）在交换机上按 MAC 地址划分 VLAN。

对于 S1 接笔记本电脑的 GE0/0/21 和 GE0/0/22 接口，由于接入的笔记本电脑有时是 A 部门的 Laptop10，有时又是 B 部门的 Laptop20，所以为使 Laptop10 无论是在 GE0/0/21 接口还是在 GE0/0/22 接口接入，都属于 A 部门的 VLAN 10，而 Laptop20 无论是在 GE0/0/21 接口还是在 GE0/0/22 接口接入，都属于 B 部门的 VLAN 20，不能采用基于接口的 VLAN 配置，而要使用基于 MAC 地址划分 VLAN。

①在 S1 上进行配置，将指定 MAC 地址加入 VLAN 10 和 VLAN 20，命令如下：

```
[S1]vlan 10      //进入 VLAN 配置模式
[S1-vlan10]mac-vlan mac-address 5489-988b-46f2 priority 0
//将 Laptop10 的 MAC 地址加入 VLAN 10,priority 为优先级,取值为 0~7,值越大越优先,默认为 0
[S1-vlan10]quit
```

```
[S1]vlan 20
[S1-vlan20]mac-vlan mac-address 5489-984f-3083 priority 0
//按 MAC 地址划分 VLAN,将 Laptop20 的 MAC 地址加入 VLAN 20
[S1-vlan20]quit
```

②使能 GE0/0/21 和 GE0/0/22 接口的基于 MAC 地址划分 VLAN 功能,将接口的链路类型设置为 Hybrid,并使其在发送 VLAN 10 和 VLAN 20 的帧时剥除 VLAN Tag,命令如下:

```
[S1]interface gigabitethernet 0/0/21
[S1-GigabitEthernet0/0/21]port link-type hybrid   //将接口的链路类型设置为 Hybrid
[S1-GigabitEthernet0/0/21]port hybrid untagged vlan 10 20
//在发送 VLAN 10 和 VLAN 20 的帧时剥除 VLAN Tag
[S1-GigabitEthernet0/0/21]mac-vlan enable       //使能该接口基于 MAC 地址划分 VLAN 功能
[S1-GigabitEthernet0/0/21]quit
[S1]interface gigabitethernet 0/0/22
[S1-GigabitEthernet0/0/22]port link-type hybrid
[S1-GigabitEthernet0/0/22]port hybrid untagged vlan 10 20
[S1-GigabitEthernet0/0/22]mac-vlan enable
[S1-GigabitEthernet0/0/22]quit
```

4)查看 VLAN 的配置情况,命令如下:

```
[S1]display mac-vlan mac-address all       //查看基于 MAC 地址划分的所有 VLAN 的配置信息
-------------------------------------------------------------------------------
MAC Address       MASK           VLAN     Priority
-------------------------------------------------------------------------------
5489-988b-46f2    ffff-ffff-ffff         10       0
5489-984f-3083    ffff-ffff-ffff         20       0
Total MAC VLAN address count:2

[S1]display mac-vlan vlan 10               //查看基于 MAC 地址划分的 VLAN 10 的配置信息
-------------------------------------------------------------------------------
MAC Address       MASK           VLAN     Priority
-------------------------------------------------------------------------------
5489-988b-46f2    ffff-ffff-ffff         10       0
Total MAC VLAN address count:1

[S1]display mac-vlan vlan 20               //查看基于 MAC 地址划分的 VLAN 20 的配置信息
-------------------------------------------------------------------------------
MAC Address       MASK           VLAN     Priority
-------------------------------------------------------------------------------
5489-984f-3083    ffff-ffff-ffff         20       0
Total MAC VLAN address count:1

[S1]display vlan                           //显示所有的 VLAN 信息
The total number of vlans is:3
```

```
--------------------------------------------------------------------------------
U:Up;            D:Down;           TG:Tagged;              UT:Untagged;
MP:Vlan-mapping;                   ST:Vlan-stacking;
#:ProtocolTransparent-vlan;    * :Management-vlan;
--------------------------------------------------------------------------------

VID   Type        Ports
--------------------------------------------------------------------------------

1     common   UT:GE0/0/3(D)     GE0/0/4(D)     GE0/0/5(D)     GE0/0/6(D)
                 GE0/0/7(D)      GE0/0/8(D)     GE0/0/9(D)     GE0/0/10(D)
                 GE0/0/21 (U)    GE0/0/22 (U)   GE0/0/23(D)    GE0/0/24(D)
10    common   UT: GE0/0/1(U)    GE0/0/2(U)     GE0/0/21(U)    GE0/0/22(U)
20    common   UT: GE0/0/11(U)   GE0/0/12(U)    GE0/0/13(U)    GE0/0/14(U)
                 GE0/0/15(D)     GE0/0/16(D)    GE0/0/17(D)    GE0/0/18(D)
                 GE0/0/19(D)     GE0/0/20(D)    GE0/0/21(U)    GE0/0/22(U)

VID   Status   Property     MAC-LRN Statistics Description
--------------------------------------------------------------------------------

1     enable   default      enable   disable   VLAN 0001
10    enable   default      enable   disable   VLAN 0010
20    enable   default      enable   disable   VLAN 0020
[S1]display port vlan          //显示 VLAN 包含的接口信息
Port                   Link Type    PVID   Trunk VLAN List
--------------------------------------------------------------------------------

GigabitEthernet0/0/1       access       10     -
GigabitEthernet0/0/2       access       10     -
GigabitEthernet0/0/3       hybrid       1      -
GigabitEthernet0/0/4       hybrid       1      -
GigabitEthernet0/0/5       hybrid       1      -
GigabitEthernet0/0/6       hybrid       1      -
GigabitEthernet0/0/7       hybrid       1      -
GigabitEthernet0/0/8       hybrid       1      -
GigabitEthernet0/0/9       hybrid       1      -
GigabitEthernet0/0/10      hybrid       1      -
GigabitEthernet0/0/11      access       20     -
GigabitEthernet0/0/12      access       20     -
GigabitEthernet0/0/13      access       20     -
GigabitEthernet0/0/14      access       20     -
GigabitEthernet0/0/15      access       20     -
GigabitEthernet0/0/16      access       20     -
GigabitEthernet0/0/17      access       20     -
GigabitEthernet0/0/18      access       20     -
GigabitEthernet0/0/19      access       20     -
GigabitEthernet0/0/20      access       20     -
GigabitEthernet0/0/21      hybrid       1      -
```

GigabitEthernet0/0/22	hybrid	1	–
GigabitEthernet0/0/23	hybrid	1	–
GigabitEthernet0/0/24	hybrid	1	–

5）测试验证。

①使用 ping 命令测试 PC10-1 和 Laptop10 的连通性，以及 PC20-1 和 Laptop20 的连通性，发现能够相互通信。

②重新连线。删除 Laptop10 和 Laptop20 与 S1 的连接线，对调它们与 S1 的接口，即将 Laptop10 接入 GE0/0/22 接口，将 Laptop20 接入 GE0/0/21 接口。

③再次使用 ping 命令测试 PC10-1 和 Laptop10 的连通性，以及 PC20-1 和 Laptop20 的连通性，发现仍然能够相互通信。

2. 基于 IP 地址的 VLAN 划分

（1）实验需求。

因为工作需要，该单位有一台管理员 PC 应既允许访问 A 部门，也允许访问 B 部门。

（2）实验步骤。

1）创建网络拓扑并配置 IP 地址。

在图 2-28 所示的网络拓扑的基础上进行扩展，如图 2-29 所示，将管理员 PC 连接到交换机 S1 的 GE0/0/23 接口上。在交换机上按 IP 地址划分 VLAN，交换机将根据从 GE0/0/23 接口接入的 IP 分组首部中的源 IP 地址，将其分配到指定的 VLAN。管理员 PC 可以使用两个 IP 地址，根据需要进行切换。如果管理员 PC 的 IP 地址属于 A 部门网段，那么它归于 VLAN 10，可以在 VLAN 10 内互通；如果管理员 PC 的 IP 地址属于 B 部门网段，那么它归于 VLAN 20，可以在 VLAN 20 内互通。对各 PC 进行 IP 地址配置，IP 地址和 VLAN 规划如表 2-13 所示。

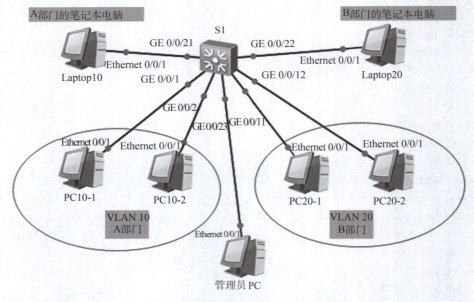

图 2-29　按 IP 地址划分 VLAN 网络拓扑

表 2-13　IP 地址和 VLAN 规划

VLAN	PC	IP 地址	子网掩码
VLAN 10	PC10-1	192. 168. 10. 1	255. 255. 255. 0
VLAN 10	PC10-2	192. 168. 10. 2	255. 255. 255. 0
VLAN 10	Laptop10	192. 168. 10. 3	255. 255. 255. 0
VLAN 10	管理员 PC	192. 168. 10. 4	255. 255. 255. 0
VLAN 20	PC20-1	192. 168. 20. 1	255. 255. 255. 0
VLAN 20	PC20-2	192. 168. 20. 2	255. 255. 255. 0
VLAN 20	Laptop20	192. 168. 20. 3	255. 255. 255. 0
VLAN 20	管理员 PC	192. 168. 20. 4	255. 255. 255. 0

2）在本小节第 1 个实验配置的基础上，进行 S1 基于 IP 地址划分 VLAN 的配置，命令如下：

```
[S1]vlan 10
[S1-vlan10]ip-subnet-vlan 1 ip 192. 168. 10. 0 24 priority 1      //基于 IP 地址划分 VLAN
[S1-vlan10]quit
[S1]vlan 20
[S1-vlan20]ip-subnet-vlan 1 ip 192. 168. 20. 0 24 priority 1
[S1-vlan20]quit
```

命令 ip-subnet-vlan 1 ip 192. 168. 10. 0 24 priority 1 中，第 1 个参数 1 为 IP 子网索引，取值范围为 1~12，即一个 VLAN 最多可以绑定 12 个子网；192. 168. 10. 0 为子网地址，24 为子网前缀，也可采用子网掩码格式 255. 255. 255. 0；priority 为优先级，取值范围为 0~7，值越大越优先。

使能 GE0/0/23 接口的基于 IP 地址划分 VLAN 的功能，将接口的链路类型设置为 Hybrid，在发送 VLAN 10 和 VLAN 20 的帧时剥除 VLAN Tag，命令如下：

```
[S1]interface gigabitethernet 0/0/23
[S1-GigabitEthernet0/0/23]port link-type hybrid
[S1-GigabitEthernet0/0/23]port hybrid untagged vlan 10 20
[S1-GigabitEthernet0/0/23]ip-subnet-vlan enable      //使能该接口基于 IP 地址划分 VLAN 的功能
[S1-GigabitEthernet0/0/23]quit
```

3）查看 VLAN 的配置情况，命令如下：

```
[S1]display ip-subnet-vlan vlan all      //查看基于 IP 地址划分的所有 VLAN 的配置信息
--------------------------------------------------------------------------------
Vlan    Index   IpAddress         SubnetMask             Priority
--------------------------------------------------------------------------------
10      1       192. 168. 10. 0    255. 255. 255. 0       1
20      1       192. 168. 20. 0    255. 255. 255. 0       1
--------------------------------------------------------------------------------
ip-subnet-vlan count:2 total count:2
```

```
[S1]display ip-subnet-vlan vlan 10        //查看基于 IP 地址划分的 VLAN 10 的配置信息
```

Vlan	Index	IpAddress	SubnetMask	Priority
10	1	192.168.10.0	255.255.255.0	1

```
ip-subnet-vlan count:1 total count:2
[S1]display ip-subnet-vlan vlan 20
```

Vlan	Index	IpAddress	SubnetMask	Priority
20	1	192.168.20.0	255.255.255.0	1

```
ip-subnet-vlan count:1 total count:2
[S1]display vlan                          //显示所有的 VLAN 信息
The total number of vlans is:3
```

```
U:Up;           D:Down;          TG:Tagged;              UT:Untagged;
MP:Vlan-mapping;                 ST:Vlan-stacking;
#:ProtocolTransparent-vlan;      * :Management-vlan;
```

VID	Type	Ports			
1	common	UT:GE0/0/3(D)	GE0/0/4(D)	GE0/0/5(D)	GE0/0/6(D)
		GE0/0/7(D)	GE0/0/8(D)	GE0/0/9(D)	GE0/0/10(D)
		GE0/0/21(U)	GE0/0/22(U)	GE0/0/23 (U)	GE0/0/24(D)
10	common	UT:GE0/0/1(U)	GE0/0/2(U)	GE0/0/21(U)	GE0/0/22(U)
		GE0/0/23(U)			
20	common	UT:GE0/0/11(U)	GE0/0/12(U)	GE0/0/13(D)	GE0/0/14(D)
		GE0/0/15(D)	GE0/0/16(D)	GE0/0/17(D)	GE0/0/18(D)
		GE0/0/19(D)	GE0/0/20(D)	GE0/0/21(U)	GE0/0/22(U)
		GE0/0/23(U)			

VID	Status	Property	MAC-LRN	Statistics	Description
1	enable	default	enable	disable	VLAN 0001
10	enable	default	enable	disable	VLAN 0010
20	enable	default	enable	disable	VLAN 0020

```
[S1]display port vlan                     //显示 VLAN 包含的接口信息
```

Port	Link Type	PVID	Trunk VLAN List
GigabitEthernet0/0/1	access	10	–
GigabitEthernet0/0/2	access	10	–
GigabitEthernet0/0/3	hybrid	1	–

GigabitEthernet0/0/4	hybrid	1	–
GigabitEthernet0/0/5	hybrid	1	–
GigabitEthernet0/0/6	hybrid	1	–
GigabitEthernet0/0/7	hybrid	1	–
GigabitEthernet0/0/8	hybrid	1	–
GigabitEthernet0/0/9	hybrid	1	–
GigabitEthernet0/0/10	hybrid	1	–
GigabitEthernet0/0/11	access	20	–
GigabitEthernet0/0/12	access	20	–
GigabitEthernet0/0/13	access	20	–
GigabitEthernet0/0/14	access	20	–
GigabitEthernet0/0/15	access	20	–
GigabitEthernet0/0/16	access	20	–
GigabitEthernet0/0/17	access	20	–
GigabitEthernet0/0/18	access	20	–
GigabitEthernet0/0/19	access	20	–
GigabitEthernet0/0/20	access	20	–
GigabitEthernet0/0/21	hybrid	1	–
GigabitEthernet0/0/22	hybrid	1	–
GigabitEthernet0/0/23	hybrid	1	–
GigabitEthernet0/0/24	hybrid	1	–

4）测试验证。

首先把管理员 PC 的 IP 地址设置为 VLAN 10 子网里的 192.168.10.4，测试管理员 PC 与 VLAN 10 和 VLAN 20 的连通性，测试结果是管理员 PC 能与 VLAN 10 连通，不能与 VLAN 20 连通。

然后把管理员 PC 的 IP 地址设置为 VLAN 20 子网里的 192.168.20.4，测试管理员 PC 与 VLAN 10 和 VLAN 20 的连通性，测试结果是管理员 PC 不能与 VLAN 10 连通，能与 VLAN 20 连通。

2.3.3 跨交换机的 VLAN 扩展

任务要求

任务目的：理解交换机接口的链路类型，掌握跨交换机的 VLAN 扩展配置方法。
实验操作：按照下面实验步骤进行操作。
习题：
完成本小节实验的最后一个步骤后，查看相关资料，说明在跨交换机的 VLAN 通信过程中，是如何区分不同 VLAN 的？

1. 实验需求

上面所述的单位由于业务的发展、人员的扩充，A 部门和 B 部门的计算机数量都增加了，办公室也增加了房间数，原来的一台交换机 S1 已经不能接入更多的计算机，需要对网络进行扩容，因此需要实现跨以太网交换机的 VLAN 扩展组网。

2. 实验步骤

（1）创建网络拓扑并配置 IP 地址。

在图 2-27 所示网络拓扑的基础上进行扩展，如图 2-30 所示，增加一台 S5700 以太网交换机 S2，将两台交换机互连。S2 交换机下面同样有 A 部门和 B 部门的计算机接入，对原有 VLAN 10 和 VLAN 20 进行跨交换机扩展，达到提高扩展能力和隔离不同部门通信的目的。对各 PC 进行 IP 地址配置，IP 地址和 VLAN 规划如表 2-14 所示。

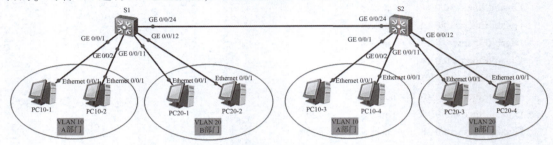

图 2-30　跨以太网交换机扩展 VLAN 的网络拓扑

表 2-14　IP 地址和 VLAN 规划

VLAN	PC	IP 地址	子网掩码
VLAN 10	PC10-1	192. 168. 10. 1	255. 255. 255. 0
VLAN 10	PC10-2	192. 168. 10. 2	255. 255. 255. 0
VLAN 10	PC10-3	192. 168. 10. 3	255. 255. 255. 0
VLAN 10	PC10-4	192. 168. 10. 4	255. 255. 255. 0
VLAN 20	PC20-1	192. 168. 20. 1	255. 255. 255. 0
VLAN 20	PC20-2	192. 168. 20. 2	255. 255. 255. 0
VLAN 20	PC20-3	192. 168. 20. 3	255. 255. 255. 0
VLAN 20	PC20-4	192. 168. 20. 4	255. 255. 255. 0

（2）在交换机上配置静态 VLAN。

启动设备，按 2.3.1 小节的步骤完成两台交换机的静态 VLAN 配置，即把 S1 和 S2 的 GE0/0/1 和 GE0/0/2 接口配置为 Access 并划分为 VLAN 10，把 S1 和 S2 的 GE0/0/11 和 GE0/0/12 接口配置为 Access 并划分为 VLAN 20。

（3）配置交换机互联接口的链路类型为 Trunk。

将 S1 和 S2 的互联接口 GE0/0/24 的链路类型配置为 Trunk，允许多个 VLAN 通过，命令如下：

```
[S1]interface gigabitethernet 0/0/24
[S1-GigabitEthernet0/0/24]port link-type trunk
[S1-GigabitEthernet0/0/24]port trunk allow-pass vlan 10 20
//允许 Trunk 传输 VLAN 10 和 VLAN 20 的 VLAN 帧
[S1-GigabitEthernet0/0/24]port trunk allow-pass vlan all
//或者可以写成允许 Trunk 传输所有的 VLAN 帧
[S1-GigabitEthernet0/0/24]quit
```

```
[S1]display vlan    //显示结果省略,可以看到 GE0/0/24 接口加入 VLAN 10 和 VLAN 20
...
[S1]display port vlan    //显示结果省略,可以看到 GE0/0/24 接口的链路类型为 Trunk
...
[S1]quit
```

对交换机 S2 进行重命名,并做如上相同配置。

(4)测试验证。

采用 ping 命令测试跨交换机的 VLAN 的连通性。测试结果应该是即使跨交换机,同一个 VLAN 里的 PC 也能够互通(如 PC10-1 ping PC10-3, PC20-2 ping PC20-4),不同 VLAN 里的 PC 不能互通(如 PC10-1 ping PC20-3)。

(5)通信分析。

通过数据抓包实验分析 VLAN 通信时数据帧 802.1Q 的标记情况,并完成习题。

打开交换机 S1 的 GE0/0/1、GE0/0/24 接口的数据抓包,打开交换机 S2 的 GE0/0/1 接口的数据抓包。从 PC10-1 ping PC10-3,分析抓取的 ping 通信数据包。

从交换机 S1 的 GE0/0/24 接口抓取的以太网帧是带 802.1Q 标记的以太网帧,如图 2-31 所示,802.1Q 标记中 VLAN ID 为 10。而从 S1 的 GE0/0/1 接口和 S2 的 GE0/0/1 接口抓取的以太网帧是没有带 802.1Q 标记的以太网帧,如图 2-32 所示。

图 2-31 S1 的 GE0/0/24 接口的抓包情况

图 2-32 S1 和 S2 的 GE0/0/1 接口的抓包情况

任务4　STP配置

在使用以太网交换机组网时，为了提高网络的可靠性，往往会增加一些冗余的链路。因此，交换机的学习和转发算法可能导致以太网帧在网络的某个地方无限制地兜圈子，从而产生环路，引发广播风暴及MAC地址表不稳定（MAC地址表震荡）等故障，导致通信质量变差，甚至通信中断。为了解决这种问题，电气与电子工程师协会（Institute of Electrical and Electronics Engineers，IEEE）的IEEE 802.1D标准制定了一种生成树协议（Spanning Tree Protocol，STP）。

STP是用来避免数据链路层出现逻辑环路的协议，运行STP的设备通过交互信息发现环路，并通过阻塞特定接口，最终将网络结构修剪成无环路的树形结构，从而解决兜圈子问题。当前活动的路径发生故障时，激活冗余备份链路，恢复网络连通性。

STP通过在交换机之间交换网桥协议数据单元（Bridge Protocol Data Unit，BPDU）来确定网络的拓扑结构。交换机间先通过BPDU信息的交互，选举根网桥（也称为根交换机），然后每台非根网桥选择用来与根网桥通信的根接口，每个网段选择用来转发数据至根网桥的指定接口，最后剩余接口被阻塞，从而在网络中建立树形拓扑，消除网络中的环路，并且可以通过一定的方法实现路径冗余。

STP为网桥和接口规定了以下几种不同的角色。

（1）根网桥。生成树的根就是根网桥。每个广播域中都只有一个根网桥。根网桥会根据网络拓扑的变化而改变，因此根网桥不是固定的。根网桥是根据交换机或网桥的BID（Bridge ID）确定的。BID由网桥优先级和MAC地址构成，其中优先级的取值范围是0~61 440，默认值是32 768，可以手动修改，但必须是4 096的倍数。优先级的值越小，交换机的优先级越高。具有最高优先级的交换机被选为根网桥，若优先级相等，则具有最小MAC地址的交换机就被选为根网桥。

（2）根接口。根接口是非根网桥到根网桥的路径代价最小的接口，负责与根网桥进行通信。非根网桥上有且仅有一个根接口，根网桥上没有根接口。在非根网桥交换机上，接口被选为根接口的依据依次为：接口到根网桥的路径代价最小（接口到根网桥的路径代价等于所经过接口的代价的累加和）；交换机的网桥BID值最小（比较收到的BPDU）；接口ID最小。

（3）指定接口。指定接口是在到达某指定网段的多个接口（这些接口位于相同或不同的交换机上）中到达根网桥路径代价最小的那个接口，网段通过指定接口到达根网桥。每个网段都只有一个指定接口，且只有指定接口负责向该网段转发帧。STP将指定接口标记为转发（Forwarding）状态，将非指定接口标记为阻塞（Blocking）状态。根网桥的所有接口都是指定接口。

（4）指定网桥。指定接口所在的网桥就是指定网桥。通过指定网桥，一个网段到达根网桥的路径代价是最小的。在一个网段上，只有指定网桥才会转发到达该网段或源自该网段的帧。

（5）阻塞接口。阻塞接口是指既不是根接口，也不是指定接口的接口，禁止转发数据。

目前，常用的 STP 有以下几种。

（1）生成树协议：适用于较小规模的网络，但它的收敛速度较慢，对网络中的拓扑变化反应不够迅速。

（2）快速生成树协议（Rapid Spanning Tree Protocol，RSTP）：STP 的改进版本，它在保持 STP 基本原理的同时，引入了一些新的机制来加快网络的收敛速度。它适用于中等规模的网络，并能够更好地适应网络拓扑的变化。

（3）多生成树协议（Multiple Spanning Tree Protocol，MSTP）：MSTP 允许在一个物理网络中为每个 VLAN 构建独立的生成树，为不同 VLAN 提供不同的数据转发路径，从而实现负载均衡，提供更好的灵活性和可伸缩性。

2.4.1 STP 的基本配置和分析

任务要求

任务目的：理解 STP 的作用，掌握交换机 STP 的基本配置方法。

实验操作：按照下面实验步骤进行操作。

习题：

完成本小节实验步骤 2 的步骤（5），查看交换机的 MAC 地址表有什么变化？说明了什么问题？

1. 实验需求

为了提高可靠性，两台交换机之间用两条链路相连，但这样就存在通信环路，导致产生广播风暴、MAC 地址表震荡。

所谓广播风暴，是指一个数据帧在网络中被大量复制和转发，以广播形式被传输到网络的每个节点，从而在网络中不断循环传输的现象。广播风暴会消耗大量带宽，导致用户通信质量变差，甚至通信中断。

交换机是根据所接收到的数据帧中的源 MAC 地址和接入接口生成 MAC 地址表项的。若存在环路，则会造成 MAC 地址表震荡（不断变化），即同一交换机上不同接口接收到相同数据帧后，会造成所学习的 MAC 地址表项不停更新，带来地址表不稳定问题。

因此，要解决环路问题，需要在交换机上配置 STP。本小节将完成交换机 STP 的基本配置，并对其作用进行分析。

2. 实验步骤

（1）创建网络拓扑并配置 IP 地址。

打开 eNSP，创建图 2-33 所示的 STP 网络拓扑。两台交换机采用 S3700，其间使用两条链路互连以提高可靠性，同时 STP 在交换机 S1 和 S2 的 E0/0/1 和 E0/0/2 接口之间形成了环路。对两台 PC 配置 IP 地址，IP 地址规划如表 2-15 所示。

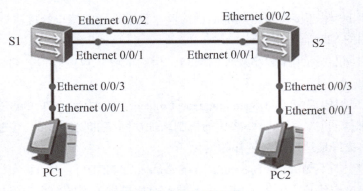

图 2-33　STP 网络拓扑

表 2-15　IP 地址规划

PC	IP 地址	子网掩码
PC1	192. 168. 1. 1	255. 255. 255. 0
PC2	192. 168. 1. 2	255. 255. 255. 0

（2）设置 STP 模式并查看。

华为交换机支持 MSTP、RSTP 和 STP 这几种模式，默认采用 MSTP，并且是开启状态。

启动设备后，双击交换机图标进入命令行界面，为两台交换机分别重命名为 S1 和 S2 后，进行如下配置：

```
[S1]stp mode stp                        //STP 功能默认是开启状态,所以直接设置为 STP 模式
[S1]display stp brief                   //查看交换机 STP 信息和接口状态信息
MSTID    Port              Role      STP State        Protection
  0      Ethernet0/0/1     ROOT      LEARNING         NONE
  0      Ethernet0/0/2     ALTE      DISCARDING       NONE
  0      Ethernet0/0/3     DESI      LEARNING         NONE
[S2]stp mode stp
[S2]display stp brief
MSTID    Port              Role      STP State        Protection
  0      Ethernet0/0/1     DESI      LEARNING         NONE
  0      Ethernet0/0/2     DESI      LEARNING         NONE
  0      Ethernet0/0/3     DESI      LEARNING         NONE
```

从上面的 display stp brief 命令的查询结果可以看出，S2 是根网桥，S1 的 E0/0/1 接口是根接口，S1 的 E0/0/2 接口被阻塞，从而破除了环路。

（3）关闭 STP 功能。

关闭交换机 S1 和 S2 的 STP 功能，命令如下：

```
[S1]undo stp enable
[S2]undo stp enable
```

（4）广播风暴分析。

可以在两台交换机的 GE0/0/1 和 GE0/0/2 接口中的任何一个接口上开启数据抓包。

下面在交换机 S1 的 GE0/0/1 接口上开启数据抓包。在 PC1 上 ping PC2，制造数据包通信流量。在 Wireshark 中捕获到大量的 ARP 广播帧和重复的 ARP 单播帧，S1 的 GE0/0/1 接口的抓包情况如图 2-34 所示，说明在 S1 和 S2 互连的链路上产生了广播风暴。

No.	Time	Source	Destination	Protocol	Info
419	0.390000	HuaweiTe_63:35:b3	HuaweiTe_17:70:e1	ARP	192.168.1.2 is at 54:89:98:63:35:b3
420	0.390000	HuaweiTe_63:35:b3	HuaweiTe_17:70:e1	ARP	192.168.1.2 is at 54:89:98:63:35:b3
421	0.406000	HuaweiTe_17:70:e1	Broadcast	ARP	who has 192.168.1.2? Tell 192.168.1.1
422	0.422000	HuaweiTe_63:35:b3	HuaweiTe_17:70:e1	ARP	192.168.1.2 is at 54:89:98:63:35:b3
423	0.422000	HuaweiTe_63:35:b3	HuaweiTe_17:70:e1	ARP	192.168.1.2 is at 54:89:98:63:35:b3
424	0.422000	HuaweiTe_63:35:b3	HuaweiTe_17:70:e1	ARP	192.168.1.2 is at 54:89:98:63:35:b3
425	0.422000	HuaweiTe_63:35:b3	HuaweiTe_17:70:e1	ARP	192.168.1.2 is at 54:89:98:63:35:b3
426	0.422000	HuaweiTe_63:35:b3	HuaweiTe_17:70:e1	ARP	192.168.1.2 is at 54:89:98:63:35:b3
427	0.422000	HuaweiTe_63:35:b3	HuaweiTe_17:70:e1	ARP	192.168.1.2 is at 54:89:98:63:35:b3
428	0.422000	HuaweiTe_63:35:b3	HuaweiTe_17:70:e1	ARP	192.168.1.2 is at 54:89:98:63:35:b3
429	0.422000	HuaweiTe_63:35:b3	HuaweiTe_17:70:e1	ARP	192.168.1.2 is at 54:89:98:63:35:b3
430	0.422000	HuaweiTe_63:35:b3	HuaweiTe_17:70:e1	ARP	192.168.1.2 is at 54:89:98:63:35:b3
431	0.422000	HuaweiTe_63:35:b3	HuaweiTe_17:70:e1	ARP	192.168.1.2 is at 54:89:98:63:35:b3
432	0.422000	HuaweiTe_63:35:b3	HuaweiTe_17:70:e1	ARP	192.168.1.2 is at 54:89:98:63:35:b3
433	0.422000	HuaweiTe_63:35:b3	HuaweiTe_17:70:e1	ARP	192.168.1.2 is at 54:89:98:63:35:b3
434	0.422000	HuaweiTe_63:35:b3	HuaweiTe_17:70:e1	ARP	192.168.1.2 is at 54:89:98:63:35:b3
435	0.422000	HuaweiTe_17:70:e1	Broadcast	ARP	who has 192.168.1.2? Tell 192.168.1.1
436	0.422000	HuaweiTe_63:35:b3	HuaweiTe_17:70:e1	ARP	192.168.1.2 is at 54:89:98:63:35:b3

图 2-34 S1 的 GE0/0/1 接口的抓包情况

（5）MAC 地址表震荡分析。

查看交换机在不同时刻的 MAC 地址表内容。例如，在 S1 上查看 MAC 地址表内容，几秒后再次查看 S1 的 MAC 地址表内容，可重复查看几次，并根据查看情况完成习题，命令如下：

```
[S1]display mac-address
MAC address table of slot 0:
-------------------------------------------------------------------------------
MAC Address     VLAN/      PEVLAN CEVLAN  Port       Type       LSP/LSR-ID
                VSI/SI                                          MAC-Tunnel
-------------------------------------------------------------------------------
5489-9817-70e1  1          -      -       Eth0/0/1   dynamic    0/-
5489-9863-35b3  1          -      -       Eth0/0/2   dynamic    0/-
-------------------------------------------------------------------------------
Total matching items on slot 0 displayed=2
[S1]display mac-address            //几秒钟再次查看 S1 的 MAC 地址表内容
MAC address table of slot 0:
-------------------------------------------------------------------------------
MAC Address     VLAN/      PEVLAN CEVLAN  Port       Type       LSP/LSR-ID
                VSI/SI                                          MAC-Tunnel
-------------------------------------------------------------------------------
5489-9817-70e1  1          -      -       Eth0/0/2   dynamic    0/-
5489-9863-35b3  1          -      -       Eth0/0/1   dynamic    0/-
-------------------------------------------------------------------------------
Total matching items on slot 0 displayed=2
```

（6）查看交换机的 CPU 利用率。

以交换机 S1 为例，可以看到 5 s 内的 CPU 利用率为 11%，命令如下：

```
<S1>display cpu-usage
CPU Usage Stat. Cycle:60(Second)
CPU Usage:11% Max:100%
CPU Usage Stat. Time:2024-01-24   19:30:12
CPU utilization for five seconds:11% :one minute:1% :five minutes:2%.
…
```

（7）开启交换机的 STP 功能。

开启 S1 和 S2 的 STP 功能，命令如下：

```
[S1]stp enable
[S2]stp enable
```

再次查看交换机 S1 的 CPU 利用率，命令如下：

```
<S1>display cpu-usage
CPU Usage Stat. Cycle:60(Second)
CPU Usage:1% Max:100%
CPU Usage Stat. Time:2024-01-24   19:35:45
CPU utilization for five seconds:1% :one minute:1% :five minutes:1%.
…
```

可以看到，5 s 内的 CPU 利用率下降为 1%。说明之前的广播风暴导致交换机资源的占用率迅速上升。

2.4.2　MSTP 多实例配置

任务要求

任务目的：理解 MSTP 多实例的作用，掌握交换机 MSTP 多实例的配置方法。

实验操作：按照下面实验步骤进行操作。

习题：

完成本小节实验后，根据实际操作的情况，交换机 S3 下面接入的 VLAN 20 和 VLAN 30 的数据流量的走向如何？如果要用 ping 命令抓包来验证，该如何操作？

1．实验需求

在一些大规模的网络中，需要同时支持多个 VLAN，而 STP 和 RSTP 是基于物理以太网构建生成树，只能为整个物理网络构建一棵生成树。MSTP 允许在一个物理网络中为每个 VLAN 构建独立的生成树，通过配置多实例，为不同的 VLAN 建立多棵独立的生成树，为不同 VLAN 提供不同的数据转发路径，从而实现负载均衡，提供更好的灵活性和可伸缩性。

本小节在多个 VLAN 构成的网络里，分别采用单实例 MSTP 和多实例 MSTP 进行配置，并通过分析比较其区别。

2．实验步骤

（1）创建网络拓扑并配置 IP 地址。

打开 eNSP，创建图 2-35 所示的 MSTP 网络拓扑，各交换机均采用 S3700。对各 PC 进行 IP 地址配置，IP 地址和 VLAN 规划如表 2-16 所示。

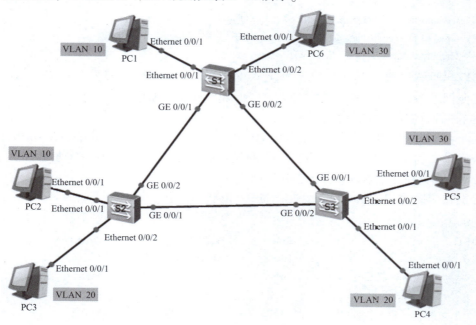

图 2-35 MSTP 网络拓扑

表 2-16 IP 地址和 VLAN 规划

VLAN	PC	IP 地址	子网掩码
VLAN 10	PC1	192.168.1.1	255.255.255.0
VLAN 10	PC2	192.168.1.2	255.255.255.0
VLAN 20	PC3	192.168.1.3	255.255.255.0
VLAN 20	PC4	192.168.1.4	255.255.255.0
VLAN 30	PC5	192.168.1.5	255.255.255.0
VLAN 30	PC6	192.168.1.6	255.255.255.0

（2）交换机重命名和创建 VLAN。

对交换机 S1 进行配置，命令如下：

```
<S1>system-view
[S1]sysname S1
[S1]vlan batch 10 20 30
[S1]int e0/0/1
[S1-Ethernet0/0/1]port link-type access
[S1-Ethernet0/0/1]port default vlan 10
[S1-Ethernet0/0/1]int e0/0/2
[S1-Ethernet0/0/2]port link-type access
[S1-Ethernet0/0/2]port default vlan 30
[S1-Ethernet0/0/2]int g0/0/1
```

```
[S1-GigabitEthernet0/0/1]port link-type trunk
[S1-GigabitEthernet0/0/1]port trunk allow-pass vlan all
[S1-GigabitEthernet0/0/1]int g0/0/2
[S1-GigabitEthernet0/0/2]port link-type trunk
[S1-GigabitEthernet0/0/2]port trunk allow-pass vlan all
```

参照网络拓扑和规划表，在交换机 S2 和 S3 上做类似配置。

（3）查看单实例 MSTP 的状态信息。

由于在华为交换机上默认开启了 MSTP（单实例），所以直接使用 display stp brief 命令即可查看单实例 MSTP 的状态信息。单实例就是不区分 VLAN，无论一个物理拓扑上有几个 VLAN，都只在一个物理拓扑上构建一棵生成树。

分别在交换机 S1、S2 和 S3 上查看 MSTP 的状态信息，命令如下：

```
<S1>display stp brief
```

MSTID	Port	Role	STP State	Protection
0	Ethernet0/0/1	DESI	FORWARDING	NONE
0	Ethernet0/0/2	DESI	FORWARDING	NONE
0	GigabitEthernet0/0/1	DESI	FORWARDING	NONE
0	GigabitEthernet0/0/2	DESI	FORWARDING	NONE

```
<S2>display stp brief
```

MSTID	Port	Role	STP State	Protection
0	Ethernet0/0/1	DESI	FORWARDING	NONE
0	Ethernet0/0/2	DESI	FORWARDING	NONE
0	GigabitEthernet0/0/1	ALTE	DISCARDING	NONE
0	GigabitEthernet0/0/2	ROOT	FORWARDING	NONE

```
<S3>display stp brief
```

MSTID	Port	Role	STP State	Protection
0	Ethernet0/0/1	DESI	FORWARDING	NONE
0	Ethernet0/0/2	DESI	FORWARDING	NONE
0	GigabitEthernet0/0/1	ROOT	FORWARDING	NONE
0	GigabitEthernet0/0/2	DESI	FORWARDING	NONE

从上面显示的信息中可以看出，对图 2-35 所示的网络拓扑执行单实例 MSTP 后，选举了 S1 为根网桥，根网桥上的所有接口均为指定接口 DESI，把 S2 的 GE0/0/1 接口阻塞（ALTE）了，单实例 MSTP 构建的生成树如图 2-36 所示。

注意：具体实验操作中创建的生成树结果可能会不一样，但仍可参照下述原理去执行后续操作。

在单实例 MSTP 中，一个物理网络的所有 VLAN 共享一棵生成树，无法在 VLAN 间实现数据流量的负载均衡。例如，在图 2-36 中，由于 S2 的 GE0/0/1 接口被阻塞了，导致 VLAN 20 里的 PC3 的流量不能从该接口去往 VLAN 20 里的 PC4，只能从 S2 的 GE0/0/2 接口绕路过去。这样 S2 下面 VLAN 10 的 PC2 和 VLAN 20 的 PC3 的数据流量，都将从 S2 的 GE0/0/2 接口通过，而 S2 的 GE0/0/1 接口不承载任何流量，链路利用率低，造成了带宽的浪费。因此，下面进行多实例 MSTP 的配置来解决这个问题。

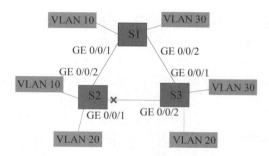

图 2-36　单实例 MSTP 构建的生成树

（4）配置多实例 MSTP 并查看。

在交换机 S1 上配置多实例 MSTP，命令如下：

[S1]stp region-configuration	//进入 MST 域视图
[S1-mst-region]region-name Huawei	//配置 MST 的域名为 Huawei(可自定义)
[S1-mst-region]revision-level 1	//配置 MST 的修订级别为 1,默认为 0
[S1-mst-region]instance 1 vlan 10	//指定 VLAN 10 映射到 MST 1
[S1-mst-region]instance 2 vlan 20	//指定 VLAN 20 映射到 MST 2
[S1-mst-region]instance 3 vlan 30	//指定 VLAN 30 映射到 MST 3
[S1-mst-region]active region-configuration	//激活 MST 域配置

在交换机 S2 和 S3 上做同样配置。

分别在交换机 S1、S2 和 S3 上查看 MSTP 状态信息，命令如下：

<S1>display stp brief				
MSTID	Port	Role	STP State	Protection
0	Ethernet0/0/1	DESI	FORWARDING	NONE
0	Ethernet0/0/2	DESI	FORWARDING	NONE
0	GigabitEthernet0/0/1	DESI	FORWARDING	NONE
0	GigabitEthernet0/0/2	DESI	FORWARDING	NONE
1	Ethernet0/0/1	DESI	FORWARDING	NONE
1	GigabitEthernet0/0/1	DESI	FORWARDING	NONE
1	GigabitEthernet0/0/2	DESI	FORWARDING	NONE
2	GigabitEthernet0/0/1	DESI	FORWARDING	NONE
2	GigabitEthernet0/0/2	DESI	FORWARDING	NONE
3	Ethernet0/0/2	DESI	FORWARDING	NONE
3	GigabitEthernet0/0/1	DESI	FORWARDING	NONE
3	GigabitEthernet0/0/2	DESI	FORWARDING	NONE
<S2>display stp brief				
MSTID	Port	Role	STP State	Protection
0	Ethernet0/0/1	DESI	FORWARDING	NONE
0	Ethernet0/0/2	DESI	FORWARDING	NONE
0	GigabitEthernet0/0/1	ALTE	DISCARDING	NONE
0	GigabitEthernet0/0/2	ROOT	FORWARDING	NONE
1	Ethernet0/0/1	DESI	FORWARDING	NONE

1	GigabitEthernet0/0/1	ALTE	DISCARDING	NONE
1	GigabitEthernet0/0/2	ROOT	FORWARDING	NONE
2	Ethernet0/0/2	DESI	FORWARDING	NONE
2	GigabitEthernet0/0/1	ALTE	DISCARDING	NONE
2	GigabitEthernet0/0/2	ROOT	FORWARDING	NONE
3	GigabitEthernet0/0/1	ALTE	DISCARDING	NONE
3	GigabitEthernet0/0/2	ROOT	FORWARDING	NONE

\<S3>display stp brief

MSTID	Port	Role	STP State	Protection
0	Ethernet0/0/1	DESI	FORWARDING	NONE
0	Ethernet0/0/2	DESI	FORWARDING	NONE
0	GigabitEthernet0/0/1	ROOT	FORWARDING	NONE
0	GigabitEthernet0/0/2	DESI	FORWARDING	NONE
1	GigabitEthernet0/0/1	ROOT	FORWARDING	NONE
1	GigabitEthernet0/0/2	DESI	FORWARDING	NONE
2	Ethernet0/0/1	DESI	FORWARDING	NONE
2	GigabitEthernet0/0/1	ROOT	FORWARDING	NONE
2	GigabitEthernet0/0/2	DESI	FORWARDING	NONE
3	Ethernet0/0/2	DESI	FORWARDING	NONE
3	GigabitEthernet0/0/1	ROOT	FORWARDING	NONE
3	GigabitEthernet0/0/2	DESI	FORWARDING	NONE

从上面显示的信息中可以看出，对图 2-35 的网络拓扑执行多实例 MSTP 后，对每个 VLAN 都构建了一棵生成树，即对实例 1、2、3 分别构建了 3 棵生成树，这 3 棵生成树都把 S1 作为根网桥，并且都把 S2 的 GE0/0/1 接口阻塞了，所以虽然对 3 个 VLAN 构建了 3 棵生成树，但是每棵生成树都一样，即每个 VLAN 的生成树都和图 2-36 一样。

那么，在 VLAN 20 的生成树里，交换机 S2 仍然存在上面所说的 GE0/0/1 接口不分担流量的问题，这时就需要调整各交换机在不同 MST 实例里的优先级。

（5）设置交换机 MST 实例的优先级并查看。

根据每个交换机下面接入的 VLAN 情况，设置交换机 MST 实例的优先级。交换机 S1 接入的 PC 是 VLAN 10 和 VLAN 30，为了实现按 VLAN 分流流量，S1 的 MST 实例 1 的优先级应该等于实例 3 的优先级，且都大于实例 2 的优先级，即 S1 的 MST 实例的优先级为：1=3>2；S2 的 MST 实例的优先级为：1=2>3；S3 的 MST 实例的优先级为：2=3>1。

因为华为交换机生成树默认优先级的值是 32 768，值越小越优先，且必须是 4 096 的整数倍，所以只需对希望优先级大的 MST 实例进行设置即可，命令如下：

```
[S1]stp instance 1 priority 0      //配置 S1 在生成树实例 1 中的优先级为 0
[S1]stp instance 3 priority 0
[S2]stp instance 1 priority 0
[S2]stp instance 2 priority 0
[S3]stp instance 2 priority 0
[S3]stp instance 3 priority 0
```

再次在交换机 S1、S2 和 S3 上查看 MSTP 的状态信息，命令如下：

```
[S1]display stp brief
```

MSTID	Port	Role	STP State	Protection
0	Ethernet0/0/1	DESI	FORWARDING	NONE
0	Ethernet0/0/2	DESI	FORWARDING	NONE
0	GigabitEthernet0/0/1	DESI	FORWARDING	NONE
0	GigabitEthernet0/0/2	DESI	FORWARDING	NONE
1	Ethernet0/0/1	DESI	FORWARDING	NONE
1	GigabitEthernet0/0/1	DESI	FORWARDING	NONE
1	GigabitEthernet0/0/2	DESI	FORWARDING	NONE
2	GigabitEthernet0/0/1	ALTE	DISCARDING	NONE
2	GigabitEthernet0/0/2	ROOT	FORWARDING	NONE
3	Ethernet0/0/2	DESI	FORWARDING	NONE
3	GigabitEthernet0/0/1	DESI	FORWARDING	NONE
3	GigabitEthernet0/0/2	DESI	FORWARDING	NONE

```
[S2]display stp brief
```

MSTID	Port	Role	STP State	Protection
0	Ethernet0/0/1	DESI	FORWARDING	NONE
0	Ethernet0/0/2	DESI	FORWARDING	NONE
0	GigabitEthernet0/0/1	ALTE	DISCARDING	NONE
0	GigabitEthernet0/0/2	ROOT	FORWARDING	NONE
1	Ethernet0/0/1	DESI	FORWARDING	NONE
1	GigabitEthernet0/0/1	DESI	FORWARDING	NONE
1	GigabitEthernet0/0/2	ROOT	FORWARDING	NONE
2	Ethernet0/0/2	DESI	FORWARDING	NONE
2	GigabitEthernet0/0/1	ROOT	FORWARDING	NONE
2	GigabitEthernet0/0/2	DESI	FORWARDING	NONE
3	GigabitEthernet0/0/1	ALTE	DISCARDING	NONE
3	GigabitEthernet0/0/2	ROOT	FORWARDING	NONE

```
[S3]display stp brief
```

MSTID	Port	Role	STP State	Protection
0	Ethernet0/0/1	DESI	FORWARDING	NONE
0	Ethernet0/0/2	DESI	FORWARDING	NONE
0	GigabitEthernet0/0/1	ROOT	FORWARDING	NONE
0	GigabitEthernet0/0/2	DESI	FORWARDING	NONE
1	GigabitEthernet0/0/1	ROOT	FORWARDING	NONE
1	GigabitEthernet0/0/2	ALTE	DISCARDING	NONE
2	Ethernet0/0/1	DESI	LEARNING	NONE
2	GigabitEthernet0/0/1	DESI	FORWARDING	NONE
2	GigabitEthernet0/0/2	DESI	FORWARDING	NONE
3	Ethernet0/0/2	DESI	LEARNING	NONE
3	GigabitEthernet0/0/1	ROOT	FORWARDING	NONE
3	GigabitEthernet0/0/2	DESI	LEARNING	NONE

从上面显示的信息中可以看出，设置交换机 MST 实例的优先级后，每个 VLAN 根据需求构建了各自不同的生成树，如图 2-37 所示。

　　结合设置的优先级，S1 的 MST 实例的优先级为：1＝3＞2；S2 的 MST 实例的优先级为：1＝2＞3；S3 的 MST 实例的优先级为：2＝3＞1。S1 的 VLAN 10 数据流量，参照图 2-37（a）所示，将从 S1 的 GE0/0/1 接口通过，S1 的 VLAN 30 数据流量，参照图 2-37（c）所示，将从 S1 的 GE0/0/2 接口通过；同理，S2 的 VLAN 10 数据流量，参照图 2-37（a）所示，将从 S2 的 GE0/0/2 接口通过，S2 的 VLAN 20 数据流量，参照图 2-37（b）所示，将从 S2 的 GE0/0/1 接口通过；S3 的情况以此类推，从而实现了流量分担的目的。

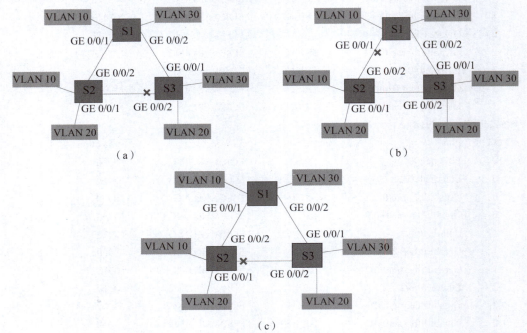

图 2-37　多实例 MSTP 构建的生成树
（a）VLAN 10 的生成树；（b）VLAN 20 的生成树；（c）VLAN 30 的生成树

　　同时，可以通过在各 VLAN 内 PC 的互相通信，采用数据抓包来分析验证上面的结论。

任务5　链路聚合配置

　　随着网络规模的不断扩大，用户对主干链路的带宽和可靠性的要求越来越高了。在传统技术中，通常采用的解决方案是硬件升级，即用更高速度的接口卡或带有更高速度接口卡的设备替换原有接口卡或设备，这种方案费用昂贵且不够灵活。

　　链路聚合（Eth-Trunk）是指交换机将多个物理接口聚合成一个逻辑接口，可以在不升级硬件的条件下，达到增加链路带宽、实现冗余和备份、提高可靠性的目的。例如，当两个 100 Mbit 带宽的接口聚合后，就可以生成一个 200 Mbit 带宽的逻辑接口。

　　链路聚合具有以下优点。

　　（1）增加带宽。链路聚合接口的带宽为各成员接口的带宽之和。

（2）提高可靠性。当某条活动链路出现故障时，可以把流量切换到其他活动链路上，从而提高链路聚合接口的可靠性。

（3）负载均衡。在一个链路聚合组内，可以在各成员活动链路上实现负载均衡。

目前，华为设备链路聚合可以使用手动模式配置，也可以使用链路聚合控制协议（Link Aggregation Control Protocol，LACP）来配置。

手动配置是最常用、最基本的模式之一。在该模式下，聚合组的创建、成员接口的加入完全通过手动配置，所有成员接口（Selected）都参与数据的转发，分担负载流量。在手动模式创建的聚合组中，接口可能处于两种状态：Selected 或 Standby。处于 Selected 状态且接口号最小的接口为聚合组的主接口，其他处于 Selected 状态的接口为聚合组的成员接口。设备所能支持的聚合组中的最大接口数有限制，如果处于 Selected 状态的接口数超过设备所能支持的聚合组中的最大接口数，则系统将按照接口号从小到大的顺序选择一些接口为 Selected 接口，其他则为 Standby 接口。

LACP 模式为交换数据的设备提供一种标准的协商方式，以使系统根据自身配置自动形成聚合链路，并启动聚合链路收发数据。静态 LACP 模式链路聚合是一种利用 LACP 进行参数协商选取活动链路的聚合模式。该模式由 LACP 确定聚合组中的活动和非活动链路，又称 M-N 模式，即 M 条活动链路与 N 条备份链路的模式。这种模式提供了更高的链路可靠性，并且可以在 M 条链路中实现不同方式的负载均衡。两端设备所选择的活动接口（接口号）必须保持一致，否则链路聚合组无法建立。要想使两端设备所选择的活动接口保持一致，可以使其中一端设备具有更高的优先级，另一端设备根据高优先级的一端来选择活动接口。动态 LACP 模式的原理和静态 LACP 模式的原理类似，只是动态聚合模式中的所有接口都是通过协议确定的，而不是像静态模式通过协议在指定接口中确定汇聚相关接口。

本任务对手动模式链路聚合和静态 LACP 模式链路聚合进行配置。

2.5.1　手动模式链路聚合

任务要求

> **任务目的**：理解链路聚合的作用，掌握手动模式链路聚合的配置方法。
>
> **实验操作**：按照下面的实验步骤进行操作。
>
> **习题**：
>
> 在给交换机 S1 和 S2 配置负载分担方式时，可以配置为不同的负载分担方式吗？

1. 实验需求

为了增加通信带宽和可靠性，在两台交换机间用 3 条链路相连，但因为交换机默认开启了 STP 功能，所以另外两条链路会被阻塞，从而无法达到设想效果。因此，需要配置链路聚合，将 3 条物理链路聚合为一条逻辑链路，以满足网络需求。

2. 实验步骤

（1）创建网络拓扑并配置 IP 地址。

打开 eNSP，创建图 2-38 所示的网络拓扑，交换机采用 S3700。对各 PC 进行 IP 地址配置，IP 地址规划如表 2-17 所示。

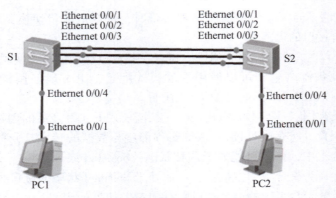

图 2-38　手动模式链路聚合网络拓扑

表 2-17　IP 地址规划

PC	IP 地址	子网掩码
PC1	192.168.1.1	255.255.255.0
PC2	192.168.1.2	255.255.255.0

（2）查看交换机 STP 的状态信息。

由于华为交换机默认开启了 STP 功能，所以可以在交换机 S1 和 S2 上直接查看 STP 的状态信息，命令如下：

```
[S1]display stp brief
MSTID    Port                 Role    STP State      Protection
  0      Ethernet0/0/1        DESI    FORWARDING     NONE
  0      Ethernet0/0/2        DESI    FORWARDING     NONE
  0      Ethernet0/0/3        DESI    FORWARDING     NONE
  0      Ethernet0/0/4        DESI    FORWARDING     NONE
[S2]display stp brief
MSTID    Port                 Role    STP State      Protection
  0      Ethernet0/0/1        ROOT    FORWARDING     NONE
  0      Ethernet0/0/2        ALTE    DISCARDING     NONE
  0      Ethernet0/0/3        ALTE    DISCARDING     NONE
  0      Ethernet0/0/4        DESI    FORWARDING     NONE
```

可以看出，S2 的 E0/0/2 和 E0/0/3 接口被阻塞了，只有一条链路能通信。

（3）配置手动模式链路聚合。

在交换机 S1 和 S2 上配置手动模式链路聚合，使 3 条链路都能通信。S1 的配置如下：

```
[S1]interface eth-trunk 1      //创建链路聚合接口 eth-trunk 1,接口编号范围为 0~63,可以自定义
[S1-Eth-Trunk1]trunkport ethernet 0/0/1 to 0/0/3
//将 E0/0/1、E0/0/2、E0/0/3 这 3 个物理接口加入链路聚合接口 eth-trunk 1
```

下面配置负载分担方式。负载分担方式可以根据多种规则计算来进行负载均衡，可通

过 load-balance？命令来查看可选方式，默认为 src-dst-ip 方式。在 S1 上配置 src-mac 负载分担方式，命令如下：

```
[S1-Eth-Trunk1]load-balance?          //查看可选负载分担方式
  dst-ip       According to destination IP hash arithmetic
  dst-mac      According to destination MAC hash arithmetic
  src-dst-ip     According to source/destination IP hash arithmetic
  src-dst-mac     According to source/destination MAC hash arithmetic
  src-ip       According to source IP hash arithmetic
  src-mac       According to source MAC hash arithmetic
[S1-Eth-Trunk1]load-balance src-mac    //配置为 src-mac 负载分担方式
[S1-Eth-Trunk1]port link-type trunk    //将链路聚合接口 eth-trunk 1 的链路类型设置为 trunk
```

对交换机 S2 做相同配置。

（4）再次查看交换机 STP 的状态信息，命令如下：

```
[S1]display stp brief
MSTID  Port              Role    STP State        Protection
  0    Ethernet0/0/4     DESI    FORWARDING       NONE
  0    Eth-Trunk 1       DESI    FORWARDING       NONE
[S2]display stp brief
MSTID  Port              Role    STP State        Protection
  0    Ethernet0/0/4     DESI    FORWARDING       NONE
  0    Eth-Trunk 1       ROOT    FORWARDING       NONE
```

可以看到，交换机 S1 和 S2 上的 E0/0/1、E0/0/2、E0/0/3 这 3 个物理接口聚合为链路聚合接口 eth-trunk 1，且所有接口都没有被阻塞。

（5）查看链路聚合接口的汇总信息并测试。

以交换机 S1 为例，查看 eth-trunk 1 接口的汇总信息，检查成员接口是否正确加入。

```
[S1]display eth-trunk 1
Eth-Trunk1's state information is:
WorkingMode:NORMAL                Hash arithmetic:According to SA
Least Active-linknumber:1         Max Bandwidth-affected-linknumber:8
Operate status:up                 Number Of Up Port In Trunk:3
--------------------------------------------------------------------------------
PortName                   Status       Weight
Ethernet0/0/1              Up           1
Ethernet0/0/2              Up           1
Ethernet0/0/3              Up           1
```

使用 ping 命令测试 PC1 和 PC2 之间的连通性，结果为能够连通。

（6）可靠性测试。

通过关闭交换机 S1 的 E0/0/1 接口来模拟该接口或连接的链路发生故障，然后查看 eth-trunk 1 接口的汇总信息变化情况，命令如下：

```
[S1]int e0/0/1
[S1-Ethernet0/0/1]shutdown
[S1-Ethernet0/0/1]quit
[S1]display eth-trunk 1
Eth-Trunk1's state information is:
WorkingMode:NORMAL                     Hash arithmetic:According to SA
Least Active-linknumber:1              Max Bandwidth-affected-linknumber:8
Operate status:up                      Number Of Up Port In Trunk:2
--------------------------------------------------------------------------------
PortName                    Status          Weight
Ethernet0/0/1               Down            1
Ethernet0/0/2               Up              1
Ethernet0/0/3               Up              1
```

使用 ping 命令测试 PC1 和 PC2 之间的连通性，发现仍然可以连通。

假如 S1 和 S2 之间只有一条链路连接，或者有多条链路连接但是没有做链路聚合（STP 会将其他链路阻塞），那么当这条链路断开后，S1 和 S2（PC1 和 PC2）之间将不能通信，这说明链路聚合可以提高通信可靠性。

（7）开启接口再次测试。

开启交换机 S1 的 E0/0/1 接口来模拟该接口或连接的链路故障修复，然后查看 eth-trunk 1 接口的汇总信息变化情况，命令如下：

```
[S1]int e0/0/1
[S1-Ethernet0/0/1]undo shutdown
[S1-Ethernet0/0/1]quit
[S1]display eth-trunk 1
Eth-Trunk1's state information is:
WorkingMode:NORMAL                     Hash arithmetic:According to SA
Least Active-linknumber:1              Max Bandwidth-affected-linknumber:8
Operate status:up                      Number Of Up Port In Trunk:3
--------------------------------------------------------------------------------
PortName                    Status          Weight
Ethernet0/0/1               Up              1
Ethernet0/0/2               Up              1
Ethernet0/0/3               Up              1
```

2.5.2 静态 LACP 模式链路聚合

任务要求

任务目的：理解静态 LACP 模式链路聚合的作用，掌握静态 LACP 模式链路聚合的配置方法。

实验操作：按照下面实验步骤进行操作。

习题：

完成本小节实验操作后，在交换机上分别执行 display eth-trunk 1、display trunk-membership eth-trunk 1、display interface eth-trunk 1 这 3 条命令进行查看，结果有什么不同？查看到的链路聚合后的带宽是多少？

1. 实验需求

在 2.5.1 小节的实验中，采用手动模式链路聚合技术，配置实现了链路聚合。现要求采用二层静态 LACP 链路聚合技术将 3 条 Trunk 链路聚合在一起，并满足以下要求。

（1）两台交换机间的链路有两条活动链路，并且具有负载分担的能力。

（2）两台交换机间的链路有一条冗余的备份链路。当活动链路出现故障时，冗余备份链路替代故障链路，保持数据传输的可靠性。当故障恢复后，恢复原活动链路。

2. 实验步骤

（1）创建网络拓扑，删除手动模式链路聚合配置。

实验的网络拓扑和 PC 的 IP 地址配置仍采用 2.5.1 小节的图 2-38 和表 2-17。

如果要重新创建网络拓扑，则下面步骤省略，直接进入步骤（2）。如果要继续在 2.5.1 小节已完成的配置上进行本小节实验，则要先删除原来的手动模式链路聚合配置，命令如下：

```
[S1]int e0/0/1
[S1-Ethernet0/0/1]undo eth-trunk
[S1-Ethernet0/0/1]int e0/0/2
[S1-Ethernet0/0/2]undo eth-trunk
[S1-Ethernet0/0/2]int e0/0/3
[S1-Ethernet0/0/3]undo eth-trunk
[S1-Ethernet0/0/3]quit
[S2]int e0/0/1
[S2-Ethernet0/0/1]undo eth-trunk
[S2-Ethernet0/0/1]int e0/0/2
[S2-Ethernet0/0/2]undo eth-trunk
[S2-Ethernet0/0/2]int e0/0/3
[S2-Ethernet0/0/3]undo eth-trunk
[S2-Ethernet0/0/3]quit
```

（2）在交换机 S1 上配置静态 LACP 模式链路聚合。

在交换机 S1 上配置静态 LACP 模式链路聚合，设置活动链路数为两条（一条为备份链路），命令如下：

```
[S1]int eth-trunk 1                            //创建链路聚合接口 1
[S1-Eth-Trunk1]mode lacp-static                //配置为静态 LACP 模式
[S1-Eth-Trunk1]max active-linknumber 2         //活动接口数最大阈值为 2,默认为 8,最小阈值为 1
[S1-Eth-Trunk1]quit
```

通过优先级配置将 S1 设置为主动端, 命令如下:

```
[S1]lacp priority 100     //在 S1 上配置其优先级为 100,高于 S2,使其成为 LACP 主动端
```

LACP 在选举主动端设备时, 首先看 LACP 系统的优先级, 默认优先级值为 32 768, 值越小越优先。优先级高的(即优先值小的)作为主动端。如果优先级相同, 则比较 MAC 地址, 地址小的作为主动端。

将 3 条链路的接口加入静态 LACP 链路聚合接口中, 并通过优先级配置设置活动链路, 命令如下:

```
[S1]int e0/0/1
[S1-Ethernet0/0/1]eth-trunk 1                  //将 E0/0/1 接口加入链路聚合接口 eth-trunk 1
[S1-Ethernet0/0/1]lacp priority 100
//在 E0/0/1 接口上配置其优先级 100,高于默认值,使其成为活动接口,连接的链路即活动链路
[S1-Ethernet0/0/1]int e0/0/2                   //将 E0/0/2 接口也配置为活动接口
[S1-Ethernet0/0/2]eth-trunk 1
[S1-Ethernet0/0/2]lacp priority 100
[S1-Ethernet0/0/2]int e0/0/3                   //E0/0/3 接口为备份接口,连接的链路即备份链路
[S1-Ethernet0/0/3]eth-trunk 1
[S1-Ethernet0/0/3]quit
```

LACP 首先看接口的优先级, 默认接口的优先级为 32 768, 首选优先级高的(值小的)链路为活动链路。如果优先级相同, 则比较接口号, 值越小越优先。

在静态 LACP 模式下, 当活动链路中出现故障链路时, 系统会从备份链路中选择优先级最高的链路替代故障链路。如果被替代的故障链路恢复了正常, 而且该链路的优先级又高于替代自己的链路, 又使能了优先级抢占, 则高优先级的链路会抢占低优先级的链路, 回切到活动状态。若不使能优先级抢占, 则系统不会重新选择活动接口, 故障恢复后的链路将作为备份链路。

默认情况下, 使能优先级抢占是关闭的。下面使能优先级抢占功能, 系统将根据主动端接口的优先级进行抢占, 命令如下:

```
[S1]int eth-trunk 1
[S1-Eth-Trunk1]lacp preempt enable      //使能优先级抢占
```

设置负载分担方式, 命令如下:

```
[S1-Eth-Trunk1]load-balance src-mac
[S1-Eth-Trunk1]quit
```

(3)在交换机 S2 上配置静态 LACP 模式链路聚合。

由于 S1 已经被设置为主动端, 所以 S2 为非主动端, 不用进行优先级设置, 其他设置与 S1 类似, 命令如下:

```
[S2-Ethernet0/0/3]int eth-trunk 1
[S2-Eth-Trunk1]mode lacp-static
```

```
[S2]int eth-trunk 1
[S2-Eth-Trunk1]trunkport Ethernet 0/0/1 to 0/0/3     //将 3 个接口加入 eth-trunk 1 复合接口
[S2-Eth-Trunk1]lacp preempt enable
[S2-Eth-Trunk1]quit
```

（4）查看链路聚合接口的汇总信息并测试。

在交换机 S1 上查看 eth-trunk 1 接口的汇总信息，命令如下：

```
[S1]display eth-trunk 1
Eth-Trunk1's state information is:
Local:
LAG ID:1                        WorkingMode:STATIC
Preempt Delay Time:30           Hash arithmetic:According to SA
System Priority:100             System ID:4c1f-cc5d-6dda
Least Active-linknumber:1       Max Active-linknumber:2
Operate status:up               Number Of Up Port In Trunk:2

--------------------------------------------------------------------------------
ActorPortName     Status     PortType  PortPri  PortNo  PortKey  PortState  Weight
Ethernet0/0/1     Selected   100M      100      2       289      10111100   1
Ethernet0/0/2     Selected   100M      100      3       289      10111100   1
Ethernet0/0/3     Unselect   100M      32768    4       289      10100000   1
Partner:
--------------------------------------------------------------------------------
ActorPortName     SysPri     SystemID        PortPri  PortNo  PortKey  PortState
Ethernet0/0/1     32768      4c1f-cc67-54cd  32768    2       289      10111100
Ethernet0/0/2     32768      4c1f-cc67-54cd  32768    3       289      10111100
Ethernet0/0/3     32768      4c1f-cc67-54cd  32768    4       289      10100000
[S2]display eth-trunk 1
Eth-Trunk1's state information is:
Local:
LAG ID:1                        WorkingMode:STATIC
Preempt Delay Time:30           Hash arithmetic:According to SA
System Priority:32768           System ID:4c1f-cc67-54cd
Least Active-linknumber:1       Max Active-linknumber:2
Operate status:up               Number Of Up Port In Trunk:2

--------------------------------------------------------------------------------
ActorPortName     Status     PortType  PortPri  PortNo  PortKey  PortState  Weight
Ethernet0/0/1     Selected   100M      32768    2       289      10111100   1
Ethernet0/0/2     Selected   100M      32768    3       289      10111100   1
Ethernet0/0/3     Unselect   100M      32768    4       289      10100000   1
Partner:
--------------------------------------------------------------------------------
ActorPortName     SysPri     SystemID        PortPri  PortNo  PortKey  PortState
Ethernet0/0/1     100        4c1f-cc5d-6dda  100      2       289      10111100
Ethernet0/0/2     100        4c1f-cc5d-6dda  100      3       289      10111100
Ethernet0/0/3     100        4c1f-cc5d-6dda  32768    4       289      10100000
```

可以看到，S1 的优先级为 100，为主动端。E0/0/1 和 E0/0/2 接口为活动接口（Selected），E0/0/3 接口为备份接口（Unselect）。注意，Partner 是对端信息。

使用 ping 命令测试 PC1 和 PC2 之间的连通性，结果为能够连通。

（5）可靠性测试。

通过关闭交换机 S1 的一个活动接口（如关闭 E0/0/1 接口）来模拟该接口或连接的链路发生故障，然后查看 eth-trunk 1 接口的汇总信息变化情况，命令如下：

```
[S1]int e0/0/1
[S1-Ethernet0/0/1]shutdown
[S1-Ethernet0/0/1]quit
[S1]display eth-trunk 1
Eth-Trunk1's state information is:
Local:
LAG ID:1                          WorkingMode:STATIC
Preempt Delay Time:30             Hash arithmetic:According to SA
System Priority:100               System ID:4c1f-cc5d-6dda
Least Active-linknumber:1         Max Active-linknumber:2
Operate status:up                 Number Of Up Port In Trunk:2
--------------------------------------------------------------------------
```

ActorPortName	Status	PortType	PortPri	PortNo	PortKey	PortState	Weight
Ethernet0/0/1	Unselect	100M	100	2	289	10100010	1
Ethernet0/0/2	Selected	100M	100	3	289	10111100	1
Ethernet0/0/3	Selected	100M	32768	4	289	10111100	1

```
Partner:
--------------------------------------------------------------------------
```

ActorPortName	SysPri	SystemID	PortPri	PortNo	PortKey	PortState
Ethernet0/0/1	0	0000-0000-0000	0	0	0	10100011
Ethernet0/0/2	32768	4c1f-cc67-54cd	32768	3	289	10111100
Ethernet0/0/3	32768	4c1f-cc67-54cd	32768	4	289	10111100

可以看到，把 S1 的活动接口 E0/0/1 关闭后，备选接口 E0/0/3 变为了活动接口，保证了数据传输的可靠性。

使用 ping 命令测试 PC1 和 PC2 之间的连通性，发现仍然可以连通。

（6）开启接口再次测试。

开启交换机 S1 的 E0/0/1 接口来模拟该接口或连接的链路故障修复，然后查看 eth-trunk 1 接口的汇总信息变化情况，命令如下：

```
[S1]int e0/0/1
[S1-Ethernet0/0/1]undo shutdown
[S1-Ethernet0/0/1]quit
[S1]display eth-trunk 1
Eth-Trunk1's state information is:
Local:
LAG ID:1                                    WorkingMode:STATIC
```

Preempt Delay Time:30   Hash arithmetic:According to SA

System Priority:100   System ID:4c1f−cc5d−6dda

Least Active−linknumber:1   Max Active−linknumber:2

Operate status:up   Number Of Up Port In Trunk:2

ActorPortName	Status	PortType	PortPri	PortNo	PortKey	PortState	Weight
Ethernet0/0/1	Selected	100M	100	2	289	10111100	1
Ethernet0/0/2	Selected	100M	100	3	289	10111100	1
Ethernet0/0/3	Unselect	100M	32768	4	289	10100000	1

Partner:

ActorPortName	SysPri	SystemID	PortPri	PortNo	PortKey	PortState
Ethernet0/0/1	32768	4c1f−cc67−54cd	32768	2	289	10111100
Ethernet0/0/2	32768	4c1f−cc67−54cd	32768	3	289	10111100
Ethernet0/0/3	32768	4c1f−cc67−54cd	32768	4	289	10100000

　　由于开启了优先级抢占功能，所以当 S1 的 E0/0/1 接口恢复正常后，经过默认抢占时间 30 s 后（该时间可以通过"lacp preempt delay 时间值"命令来进行修改），E0/0/1 接口将会取代低优先级的 E0/0/3 接口成为活动接口，其连接的链路成为活动链路。

项目 3

搭建中型局域网

任务 1　虚拟局域网互通配置

由于每个 VLAN 的通信只能在各自 VLAN 内转发，属于不同 VLAN 的设备不能在数据链路层互相访问，所以无法实现 VLAN 之间的通信。

VLAN 之间的通信需要借助支持第三层（即网络层）路由技术的设备，如三层交换机或路由器才能实现。利用路由技术在不同 VLAN 之间转发通信，从而实现 VLAN 之间的通信的过程称为 VLAN 间路由选择（Inter-VLAN Routing）。

3.1.1　三层交换机实现 VLAN 互通

> **任务要求**
>
> **任务目的：** 理解 VLAN 间路由技术，掌握采用三层交换机 VLANIF 接口和 Super VLAN 技术实现 VLAN 间路由的配置与测试。
>
> **实验操作：** 完成下面配置 VLANIF 接口实现 VLAN 间的通信和配置 Super VLAN 实现 VLAN 间的通信的实验步骤。
>
> **习题：**
>
> 完成下面标题 2 的实验操作后，PC10-1 ping PC20-2，交换机 S1 的 GE0/0/3 接口进出的数据帧的 VLAN ID 是多少？查找资料，说明 VLANIF 接口的转发工作流程。

1. 三层交换机的 VLAN 间路由选择技术

（1）三层交换机。

三层交换机是工作在网络层、具有部分路由器功能的交换机，实现了第二层交换和第三层路由。它可以作为交换机使用，实现同一个子网、网段或 VLAN 内的设备之间的通信，也可以作为路由器使用，实现不同子网或 VLAN 之间的通信。三层交换机支持静态路由和 RIP、OSPF 等动态路由，根据 IP 地址对 IP 分组进行路由和转发。它使用专用硬件（ASIC）实现基于 IP 地址和 MAC 地址的交换或转发，能够做到一次路由、多次转发，因此具有比传统路由器更好的性能。三层交换机的作用主要是加快大型局域网或数据中心内的数据交换速度，而不是连接广域网（Wide Area Network，WAN），因此三层交换机并不能完全替代路由器。

（2）三层交换机实现 VLAN 间路由。

利用三层交换机实现 VLAN 间路由选择的技术有多种，常用技术有两种：VLANIF 接口和 Super VLAN。

1）VLANIF 接口是一种第三层的逻辑接口，用于在第三层实现不同 VLAN 间的通信。每个 VLAN 有一个 VLANIF 接口，并通过该接口在网络层转发 VLAN 通信。由于每个 VLAN 是一个广播域，每个 VLAN 可以被看作一个 IP 网段，所以可以把 VLANIF 接口当作该 VLAN 的网关。通过在 VLANIF 接口上配置 IP 地址，并允许其基于 IP 地址进行第三层分组转发，就可以实现 VLAN 间在第三层上的互相通信。

通过 VLANIF 接口实现 VLAN 间的通信需要为每个 VLAN 配置一个 VLANIF 接口，并在该接口上指定一个 IP 网段。这种技术一方面比较浪费 IP 地址，另一方面只能实现不同 IP 网段的 VLAN 间的通信。

2）Super VLAN（即 VLAN 聚合）可以实现位于相同 IP 网段的不同 VLAN 间的通信。Super VLAN 的主要功能就是节约 IP 地址，隔离广播风暴，控制接口的二层互访。Super VLAN 下关联多个 Sub VLAN（子 VLAN），Sub VLAN 之间设置了二层隔离。所有 Sub VLAN 共用 Super VLAN 的 VLANIF 接口的 IP 地址与外部网络（简称外网）通信，并且可以通过该 VLANIF 接口实现 Sub VLAN 间的三层互通，从而节约 IP 地址。只需要给 Super VLAN 分配一个 IP 网段，所有 Sub VLAN 都使用 Super VLAN 的 IP 网段和 VLANIF 接口进行三层通信。

Super VLAN 适用于用户多、VLAN 多、大量 VLAN 的 IP 地址在同一个网段，但是又要实现不同 VLAN 间的二层隔离、三层互通的场景。

下面将分别采用配置 VLANIF 接口和配置 Super VLAN 两种方法来实现 VLAN 间的通信。

2. 配置 VLANIF 接口实现 VLAN 间的通信

基于 VLANIF 接口实现 VLAN 间的通信，需要在三层交换机上配置 VLANIF 接口及其 IP 地址，并将 VLAN 内 PC 的默认网关地址配置为其所在 VLAN 的 VLANIF 接口的 IP 地址。

（1）实验需求。

某单位有 A 部门和 B 部门，分别划分在 VLAN 10 和 VLAN 20 中，两个 VLAN 属于不同的 IP 网段，通过 VLAN 隔离了两个部门的通信。由于业务需要，两个部门的用户现在需要交换数据，所以决定采用 VLANIF 接口技术实现 VLAN 间的通信。通过配置三层交换机，实现两个 VLAN 间的二层隔离和三层互通。

（2）实验步骤。

1）创建网络拓扑并配置 IP 地址。

打开 eNSP，创建图 3-1 所示的网络拓扑，交换机采用 S5700。PC10-1 和 PC10-2 代表 A 部门的 PC，A 部门属于 VLAN 10；PC20-1 和 PC20-2 代表 B 部门的 PC，B 部门属于 VLAN 20；VLAN 10 网段为 192.168.10.0/24，VLAN 20 网段为 192.168.20.0/24。对各 PC 进行 IP 地址配置，IP 地址和 VLAN 规划如表 3-1 所示。

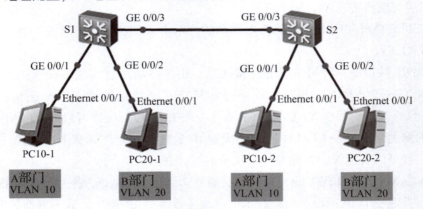

图 3-1　三层交换机 VLAN 通信网络拓扑

表 3-1　IP 地址和 VLAN 规划

VLAN/VLANIF	PC	IP 地址	子网掩码	网关地址
VLAN 10	PC10-1	192.168.10.1	255.255.255.0	192.168.10.254
VLAN 10	PC10-2	192.168.10.2	255.255.255.0	
VLAN 20	PC20-1	192.168.20.1	255.255.255.0	192.168.20.254
VLAN 20	PC20-2	192.168.20.2	255.255.255.0	
VLANIF 10	—	192.168.10.254	255.255.255.0	—
VLANIF 20	—	192.168.20.254	255.255.255.0	—

注意：在做 PC 基础配置时，网关地址也要进行配置，以 PC10-1 为例，如图 3-2 所示。

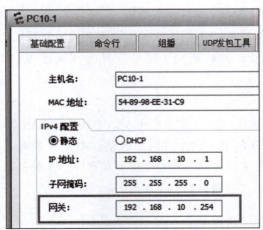

图 3-2　配置 PC 的网关地址

2）在交换机上配置 VLAN。

启动设备后，将两台交换机重命名为 S1 和 S2。在交换机 S1 和 S2 上配置 VLAN，以下是 S1 的配置情况，S2 的配置与其相同，命令如下：

```
[S1]vlan batch 10 20
[S1]int g0/0/1
[S1-GigabitEthernet0/0/1]port link-type access
[S1-GigabitEthernet0/0/1]port default vlan 10
[S1-GigabitEthernet0/0/1]int g0/0/2
[S1-GigabitEthernet0/0/2]port link-type access
[S1-GigabitEthernet0/0/2]port default vlan 20
[S1-GigabitEthernet0/0/2]int g0/0/3
[S1-GigabitEthernet0/0/3]port link-type trunk
[S1-GigabitEthernet0/0/3]port trunk allow-pass vlan 10 20
[S1-GigabitEthernet0/0/3]quit
```

3）测试和查看。

采用 ping 命令测试同一个 VLAN 内的 PC 能否互通（如 PC10-1 ping PC10-2），不同 VLAN 内的 PC 能否互通（如 PC10-1 ping PC20-2）。发现同一个 VLAN 内的 PC 能互通，不同 VLAN 内的 PC 不能互通。

采用 display ip routing-table 命令查看交换机 S1 上的路由表：

```
[S1]display ip routing-table
Route Flags:R-relay,D-download to fib
-----------------------------------------------------------------------------------
Routing Tables:Public
          Destinations:2          Routes:2
Destination/Mask     Proto     Pre     Cost     Flags     NextHop          Interface
   127. 0. 0. 0/8    Direct    0       0        D         127. 0. 0. 1     InLoopBack0
   127. 0. 0. 1/32   Direct    0       0        D         127. 0. 0. 1     InLoopBack0
```

可以看到，路由表里没有两个 VLAN 子网的路由表项，无法实现跨子网通信，即无法实现三层互通。

4）在交换机上配置 VLANIF 接口。

可以在交换机 S1 或 S2 上配置 VLANIF 接口实现 VLAN 的三层互通。下面选择在 S1 上配置 VLANIF 接口，命令如下：

```
[S1]interface vlanif 10          //创建 VLAN 10 的 VLANIF 接口
[S1-Vlanif10]ip address 192. 168. 10. 254 24
//给 VLAN 10 的 VLANIF 接口配置 IP 地址,掩码 24 也可写成 255. 255. 255. 0
[S1-Vlanif10]quit
[S1]interface vlanif 20
[S1-Vlanif20]ip address 192. 168. 20. 254 24
[S1-Vlanif20]quit
[S1]display ip interface brief //查看所有接口的 IP 信息,可以看到 VLANIF 接口的 IP 地址已经正确配置上
* down:administratively down
^down:standby
```

(l):loopback

(s):spoofing

The number of interface that is UP in Physical is 4

The number of interface that is DOWN in Physical is 1

The number of interface that is UP in Protocol is 3

The number of interface that is DOWN in Protocol is 2

Interface	IP Address/Mask	Physical	Protocol
MEth0/0/1	unassigned	down	down
NULL0	unassigned	up	up(s)
Vlanif 1	unassigned	up	down
Vlanif 10	192.168.10.254/24	up	up
Vlanif 20	192.168.20.254/24	up	up

5）测试和查看。

采用 ping 命令测试同一个 VLAN 内的 PC 能否互通（如 PC10-1 ping PC10-2），不同 VLAN 内的 PC 能否互通（如 PC10-1 ping PC20-2）。发现同一个 VLAN 内的 PC 能互通，不同 VLAN 内的 PC 也能互通。

采用 display ip routing-table 命令查看交换机 S1 上的路由表：

[S1]display ip routing-table

Route Flags:R-relay,D-download to fib

Routing Tables:Public

	Destinations:6		Routes:6				
Destination/Mask	Proto	Pre	Cost	Flags	NextHop	Interface
127.0.0.0/8	Direct	0	0	D	127.0.0.1	InLoopBack0
127.0.0.1/32	Direct	0	0	D	127.0.0.1	InLoopBack0
192.168.10.0/24	Direct	0	0	D	192.168.10.254	Vlanif 10
192.168.10.254/32	Direct	0	0	D	127.0.0.1	Vlanif 10
192.168.20.0/24	Direct	0	0	D	192.168.20.254	Vlanif 20
192.168.20.254/32	Direct	0	0	D	127.0.0.1	Vlanif 20

可以看到，路由表里生成了两个 VLAN 子网的路由表项，即能够实现三层互通的跨 VLAN 通信。

6）通信分析。

在交换机 S1 的 GE0/0/3 接口上开启数据抓包，然后用 PC10-1 ping PC20-2，GE0/0/3 接口进出的数据帧的 VLAN ID 是多少？并完成习题。

3. 配置 Super VLAN 实现 VLAN 间的通信

Super VLAN 适用于 VLAN 多且大量 VLAN 的 IP 地址在同一个网段，但是又要实现不同 VLAN 间的二层隔离、三层互通的场景。

（1）实验要求。

在上面的实验中，由于该单位 IP 地址有限，将 A 部门 VLAN 和 B 部门 VLAN 的 IP 地址配置为共用同一个 IP 地址段，所以无法采用 VLANIF 接口实现 VLAN 间的通信。为了实现这两个 VLAN 的二层隔离和三层互通，下面采用 Super VLAN 技术进行配置。

（2）实验步骤。

1）创建网络拓扑并配置 IP 地址。

仍然采用图 3-1 所示的网络拓扑，假设 VLAN 10 和 VLAN 20 使用同一个网段地址 192.168.100.0/24，对各 PC 进行 IP 地址配置，IP 地址和 VLAN 规划如表 3-2 所示。

表 3-2　IP 地址和 VLAN 规划

VLAN/VLANIF	PC	IP 地址	子网掩码	网关地址
VLAN 10	PC10-1	192.168.100.1	255.255.255.0	
VLAN 10	PC10-2	192.168.100.2	255.255.255.0	192.168.100.254
VLAN 20	PC20-1	192.168.100.3	255.255.255.0	
VLAN 20	PC20-2	192.168.100.4	255.255.255.0	
（Surper VLAN）VLANIF 100	—	192.168.100.254	255.255.255.0	—

2）在交换机上配置 VLAN。

按照本小节标题 2 的实验步骤（2）完成交换机 S1、S2 的 VLAN 相关配置。此时同一个 VLAN 内的 PC 可以互通，不同 VLAN 内的 PC 不能互通。

3）在交换机上配置 Super VLAN。

可以在 S1 或 S2 上配置 Super VLAN 实现三层 VLAN 互通。例如，在 S1 上做以下配置。

注意：如果是继续在本小节标题 2 配置的基础上进行 Super VLAN 配置，则可以在 S1 系统模式下使用 undo interface vlanif 10 和 undo interface vlanif 20 命令删除原来配置的 VLANIF 接口，再进行如下配置，在交换机上配置 Super VLAN 的命令如下：

```
[S1]vlan 100                              //配置 vlan 100
[S1-vlan100]aggregate-vlan               //配置为 VLAN 聚合(Super VLAN)
[S1-vlan100]access-vlan 10 20
//将 VLAN 10 和 VLAN 20 加入 Super VLAN 100,作为其 Sub VLAN
[S1-vlan100]quit
[S1]display super-vlan
//查看 Super VLAN 信息,也可用 display vlan 命令查看所有 VLAN 的更详细信息
VLAN ID Sub-vlan
----------------------------------------------------------------------------------
100       10 20
[S1]interface vlanif 100                  //创建 Super VLAN 的 VLANIF 接口
[S1-Vlanif100]ip address 192.168.100.254 24   //对 VLANIF 接口配置 IP 地址
[S1-Vlanif100]arp-proxy inter-sub-vlan-proxy enable
//开启 VLAN 间的 ARP 代理,否则无法实现三层互通
[S1-Vlanif100]quit
[S1]display ip interface brief             //查看接口 IP 配置情况,显示已经配置成功
* down:administratively down
^down:standby
(l):loopback
(s):spoofing
The number of interface that is UP in Physical is 2
```

```
The number of interface that is DOWN in Physical is 2
The number of interface that is UP in Protocol is 2
The number of interface that is DOWN in Protocol is 2
Interface              IP Address/Mask          Physical            Protocol
MEth0/0/1              unassigned               down                down
NULL0                 unassigned               up                  up(s)
Vlanif 1              unassigned               down                down
Vlanif 100            192. 168. 100. 254/24     up                  up
```

4）测试和查看。

采用 ping 命令测试同一个 VLAN 内的 PC 能否互通（如 PC10-1 ping PC10-2），不同 VLAN 内的 PC 能否互通（如 PC10-1 ping PC20-2）。发现同一个 VLAN 内的 PC 能互通，不同 VLAN 内的 PC 也能互通。

采用 display ip routing-table 命令查看交换机 S1 上的路由表：

```
[S1]display ip routing-table
Route Flags:R-relay,D-download to fib
--------------------------------------------------------------------------------------------------------
Routing Tables:Public
           Destinations:4          Routes:4
Destination/Mask      Proto     Pre     Cost     Flags     NextHop          Interface
127. 0. 0. 0/8        Direct    0       0        D         127. 0. 0. 1     InLoopBack0
127. 0. 0. 1/32       Direct    0       0        D         127. 0. 0. 1     InLoopBack0
192. 168. 100. 0/24   Direct    0       0        D         192. 168. 100. 254   Vlanif 100
192. 168. 100. 254/32 Direct    0       0        D         127. 0. 0. 1     Vlanif 100
```

可以看到，路由表里生成了两个 VLAN 所在子网 192.168.100.0/24 的路由表项，即能够实现三层互通的跨 VLAN 通信。

3.1.2　路由器实现 VLAN 互通

任务要求

　　任务目的：理解路由器实现 VLAN 互通原理，学会使用单臂路由器实现 VLAN 间的通信的配置与测试。

　　实验操作：按照下面实验步骤进行操作。

　　习题：

　　采用"二层隔离、三层互通"方式组网有什么好处？

1. 路由器互联 VLAN

路由器是一种用于网络互连的常用设备，工作在开放系统互连参考模型的第三层（网络层），是具有多个输入、输出接口的专用计算机，其核心功能是分组转发和路由选择，实现网络间的通信。

路由器默认情况下，原则上不能接收和发送带有 VLAN 标记的数据帧，因此使用路由器互连 VLAN 的传统方法是将路由器接口与交换机上特定 VLAN 的接口相连，如图 3-3 所示，这样该路由器接口就可以接收该 VLAN 的通信，然后将通信从连接其他 VLAN 的路由器接口转发出去。

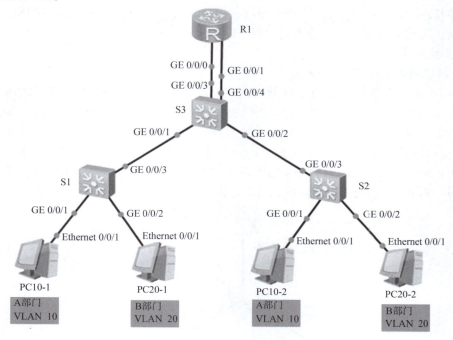

图 3-3 路由器互连 VLAN 网络拓扑

但是，这种方案存在以下问题。

（1）容易形成性能瓶颈。因为路由器转发分组的速度低于交换机转发 MAC 帧的速度，所以容易在高速 VLAN 间形成性能瓶颈。

（2）成本高。由于路由器接口数量有限，所以为支持众多 VLAN 间的互连，接口利用率低，配置烦琐，需要部署大量路由器，增加了成本和网络复杂性。

综上所述，实际应用中一般不会采用这种方案来解决 VLAN 间的通信问题。

2. 单臂路由器实现 VLAN 间的通信

为解决上述问题，可以使用 Dot1q 终结（Dot1q Termination）子接口技术，只需要一个或几个路由器接口，就可以实现众多 VLAN 间的通信，其网络拓扑如图 3-4 所示。若仅使用一个路由器接口实现 IP 子网或 VLAN 间的通信，则该路由器就称为单臂路由器。

Dot1q 终结是指对接收到的报文中的 IEEE 802.1Q VLAN 标记进行识别和移除，然后进行转发。转发出去的报文是否带 VLAN 标记由出接口决定。对发送的报文，则在添加相应的 VLAN 标记后再发送。

子接口是通过协议和技术从一个物理接口划分出来的虚拟接口。相对于子接口，物理接口被称为主接口。一个物理接口可划分出多个子接口。每个子接口在功能和作用上与物理接口没有任何区别。子接口共用主接口的物理层参数，又可以分别配置各自的链路层和网络层参数。用户可以禁用或激活子接口，而不会对主接口产生影响，但主接口状态的变化会对子接口产生影响，特别是只有在主接口处于连通状态时，子接口才能正常工作。子接口的出现打破了每个设备物理接口数量有限的局限，但 Dot1q 终结子接口只能实现不同 IP 网段的 VLAN 互通。

3. 实验需求

某单位有 A 部门和 B 部门，分别划分在 VLAN 10 和 VLAN 20 中，两个 VLAN 属于不同的 IP 网段，通过 VLAN 隔离了两个部门的通信。因业务需要，两个部门的用户现在要交换数据，决定采用配置单臂路由器实现 VLAN 间的通信。

4. 实验步骤

（1）创建网络拓扑并配置 IP 地址。

打开 eNSP，创建图 3-4 所示的网络拓扑。PC10-1 和 PC10-2 代表 A 部门的 PC，A 部门属于 VLAN 10；PC20-1 和 PC20-2 代表 B 部门的 PC，B 部门属于 VLAN 20。VLAN 10 的网段为 192.168.10.0/24，VLAN 20 的网段为 192.168.20.0/24。交换机均采用 S5700，路由器采用 AR2220。其中接入交换机 S1 和 S2 分别与汇聚交换机 S3 相连，S3 与路由器 R1 相连。需要采用单臂路由器实现 VLAN 间的通信，即实现 VLAN 的二层隔离和三层互通。对各 PC 进行 IP 地址配置，IP 地址和 VLAN 规划如表 3-3 所示。

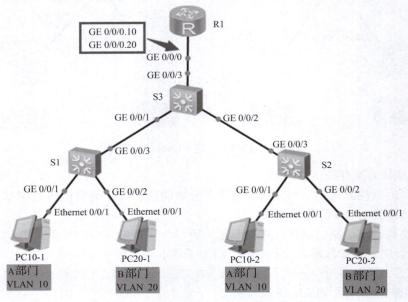

图 3-4 单臂路由器互连 VLAN 网络拓扑

表 3-3 IP 地址和 VLAN 规划

VLAN/R1 子接口	PC	IP 地址	子网掩码	网关地址
VLAN 10	PC10-1	192.168.10.1	255.255.255.0	192.168.10.254
VLAN 10	PC10-2	192.168.10.2	255.255.255.0	
VLAN 20	PC20-1	192.168.20.1	255.255.255.0	192.168.20.254
VLAN 20	PC20-2	192.168.20.2	255.255.255.0	
GE0/0/0.10	—	192.168.10.254	255.255.255.0	—
GE0/0/0.20	—	192.168.20.254	255.255.255.0	—

（2）在交换机上配置 VLAN。

按照 3.1.1 小节标题 2 的实验步骤（2）完成交换机 S1、S2 的 VLAN 相关配置。

在交换机 S3 上配置 VLAN，将其 3 个接口的链路类型都设置为 Trunk，允许 VLAN 10 和 VLAN 20 通过。

注意：交换机与路由器接口连接时，若路由器对应接口配置为 Dot1q 终结子接口，则需将交换机该接口的链路类型配置为 Trunk 或 Hybrid，这里配置为 Trunk。

在交换机上配置 VLAN 的命令如下：

```
[S3]vlan batch 10 20
[S3]int g0/0/1
[S3-GigabitEthernet0/0/1]port link-type trunk
[S3-GigabitEthernet0/0/1]port trunk allow-pass vlan 10 20
[S3-GigabitEthernet0/0/1]int g0/0/2
[S3-GigabitEthernet0/0/2]port link-type trunk
[S3-GigabitEthernet0/0/2]port trunk allow-pass vlan 10 20
[S3-GigabitEthernet0/0/2]int g0/0/3
[S3-GigabitEthernet0/0/3]port link-type trunk
[S3-GigabitEthernet0/0/3]port trunk allow-pass vlan 10 20
[S3-GigabitEthernet0/0/3]quit
```

使用 Ping 命令测试各 PC 间的连通性，此时同一个 VLAN 内的 PC 可以互通，不同 VLAN 内的 PC 不能互通。

（3）在路由器上配置 Dot1q 终结子接口，实现单臂路由。

在路由器 R1 上的配置如下：

```
<Huawei>system-view
[Huawei]sysname R1
[R1]interface g0/0/0. 10                                    //创建 Dot1q 终结子接口
[R1-GigabitEthernet0/0/0. 10]dot1q termination vid 10       //终结 VLAN 10
[R1-GigabitEthernet0/0/0. 10]ip address 192. 168. 10. 254 24  //为子接口配置 IP 地址
[R1-GigabitEthernet0/0/0. 10]arp broadcast enable
//允许子接口发送 ARP 请求和转发 ARP 广播报文(终结子接口默认直接丢弃广播报文)
[R1-GigabitEthernet0/0/0. 10]quit
[R1]interface g0/0/0. 20
[R1-GigabitEthernet0/0/0. 20]dot1q termination vid 20
[R1-GigabitEthernet0/0/0. 20]ip address 192. 168. 20. 254 24
[R1-GigabitEthernet0/0/0. 20]arp broadcast enable
[R1-GigabitEthernet0/0/0. 20]quit
```

在路由器 R1 上查看接口 IP 地址的配置情况，命令如下：

```
[R1]display ip interface brief
* down:administratively down
^down:standby
(l):loopback
(s):spoofing
The number of interface that is UP in Physical is 4
The number of interface that is DOWN in Physical is 2
The number of interface that is UP in Protocol is 3
The number of interface that is DOWN in Protocol is 3
```

Interface	IP Address/Mask	Physical	Protocol
GigabitEthernet0/0/0	unassigned	up	down
GigabitEthernet0/0/0. 10	192. 168. 10. 254/24	up	up
GigabitEthernet0/0/0. 20	192. 168. 20. 254/24	up	up
GigabitEthernet0/0/1	unassigned	down	down
GigabitEthernet0/0/2	unassigned	down	down
NULL0	unassigned	up	up(s)

可以看到子接口的 IP 地址已经配置好。

（4）查看和测试。

在路由器 R1 上查看路由表，命令如下：

```
<R1>display ip routing-table
Route Flags:R-relay,D-download to fib
-------------------------------------------------------------------------------------------
Routing Tables:Public
          Destinations:10        Routes:10
Destination/Mask    Proto    Pre   Cost   Flags   NextHop         Interface
127. 0. 0. 0/8       Direct   0     0      D       127. 0. 0. 1     InLoopBack0
127. 0. 0. 1/32      Direct   0     0      D       127. 0. 0. 1     InLoopBack0
127. 255. 255. 255/32 Direct  0     0      D       127. 0. 0. 1     InLoopBack0
192. 168. 10. 0/24   Direct   0     0      D       192. 168. 10. 254  GigabitEthernet0/0/0. 10
192. 168. 10. 254/32 Direct   0     0      D       127. 0. 0. 1     GigabitEthernet0/0/0. 10
192. 168. 10. 255/32 Direct   0     0      D       127. 0. 0. 1     GigabitEthernet0/0/0. 10
192. 168. 20. 0/24   Direct   0     0      D       192. 168. 20. 254  GigabitEthernet0/0/0. 20
192. 168. 20. 254/32 Direct   0     0      D       127. 0. 0. 1     GigabitEthernet0/0/0. 20
192. 168. 20. 255/32 Direct   0     0      D       127. 0. 0. 1     GigabitEthernet0/0/0. 20
255. 255. 255. 255/32 Direct  0     0      D       127. 0. 0. 1     InLoopBack0
```

可以看到，在 R1 上已经生成了去往 VLAN 10 和 VLAN 20 的网段 192. 168. 10. 0/24 和 192. 168. 20. 0/24 的路由表项。

再次使用 ping 命令测试各 PC 间的连通性，发现同一个 VLAN 内的 PC 可以互通，不同 VLAN 内的 PC 也能够互通，即实现了三层互通。

任务 2　静态路由与默认路由配置

任务要求

任务目的： 掌握静态路由和默认路由配置。

实验操作： 按照下面实验步骤进行操作。

习题：

在本节实验中，为什么在没有配置静态路由前，PC1 和 PC4 间不能互通，而配置静态路由后可以互通？试从查看到的路由表上寻找答案。

1. 路由表和路由分类

（1）路由表。

路由就是 IP 分组从源到目的地的路径。为了转发 IP 分组，主机和路由器维护着一张路由表。路由表中记录了到达目的网络的路由。路由表的典型结构示例如表 3-4 所示。在路由表中，对每条路由来说，最重要的信息是目的网络、子网掩码和下一跳路由器。

表 3-4　路由表的典型结构示例

目的网络	子网掩码	下一跳路由器	接口	……
192.168.10.0	255.255.255.0	192.168.2.1	GE0/0/1	……

路由表并没有给分组指明到达目的地的完整路径。路由表指出的是到达目的地应当先到达某台路由器（即下一跳路由器），在到达下一跳路由器后，下一跳路由器再继续查找其路由表，找到再下一步应当到达哪一台路由器。这样一步一步地查找下去，直到最后到达目的地。查找路由时，采用最长前缀匹配原则，即从匹配结果中选择具有最长网络前缀的路由。此外，路由的选取还与发现此路由的路由协议的优先级、路由的度量有关。当多条路由的路由协议的优先级与路由的度量都相同时，可以实现负载分担，缓解网络压力；当多条路由的路由协议的优先级与路由的度量不同时，可以构成路由备份，提高网络的可靠性。

（2）路由分类。

1）根据目的网络的不同，路由可以划分为以下 3 类。

①特定网络路由：目的网络为目的主机所在网络的 IP 地址，其子网掩码表示的前缀长度小于 32 位（对于 IPv4 地址）或小于 128 位（对于 IPv6 地址）。采用特定网络路由，可以减少路由表中路由的数量，便于路由的查找和维护。

②特定主机路由：目的网络为目的主机的 IP 地址，其子网掩码表示的前缀长度等于 32 位（对于 IPv4 地址）或等于 128 位（对于 IPv6 地址）。采用特定主机路由可使网络管理员更方便地控制网络和测试网络，同时可在需要考虑某种安全问题时采用这种特定主机路由。在对网络的连接或路由表进行排错时，指明到某一台主机的特殊路由就十分有用了。

③默认路由：一种特殊的路由，是匹配所有目的地的路由，只有在路由表中未找到匹配的路由时才使用该路由。默认路由可以减小路由表所占用的空间和搜索路由表所用的时间，可以简化网络的配置。如果路由表中没有默认路由，且 IP 分组的目的地址或网络不在路由表中，则路由器丢弃该分组，并向源端返回一个 ICMP 报文，报告该目的地址或网络不可达。在路由表中，默认路由以目的网络为 0.0.0.0、子网掩码也为 0.0.0.0 的路由形式出现。通常情况下，通过手动方式配置默认路由，但有些时候，也可以使路由选择协议生成默认路由。通过手动方式配置的默认路由称为静态默认路由。配置默认路由不是必须的，若要配置，则只能配置一条默认路由。

2）根据路由是否随网络状态的变化而变化，路由可以划分为以下两类。

①静态路由：路由不随网络状态的变化而变化。其特点是简单和开销较小，但不能及时适应网络状态的变化，需要人工配置。

②动态路由：路由随网络状态的变化而变化。其特点是能较好地适应网络状态的变化，但实现较为复杂，开销比较大。动态路由是由路由选择协议依据某种路由选择算法计算得到的，适用于较复杂的大型网络。

3)根据目的网络与路由器是否直接相连，路由可以划分为以下两类。

①直连路由：路由器与目的网络直接相连，可以直接交付分组，不需要再通过其他路由器进行转发。

②间接路由：路由器与目的网络不是直接相连，至少经过一台路由器才能到达目的网络，需要将分组转发给下一跳路由器。

4)根据目的地址类型的不同，路由还可以划分为以下两类。

①单播路由：路由的目的地址是一个单播 IP 地址。

②组播路由：路由的目的地址是一个组播 IP 地址。

下面学习配置路由器的静态路由和默认路由。

2. 实验需求

分别属于不同子网的 PC，跨多台路由器连接组网，需要在路由器上配置静态路由，实现两台 PC 的相互通信。

3. 实验步骤

（1）创建网络拓扑并配置 IP 地址。

打开 eNSP，创建图 3-5 所示的网络拓扑，路由器选择 AR2220。图上标注有 4 个不同的网段，按表 3-5 对各 PC 进行 IP 地址配置，IP 地址规划如表 3-5 所示。

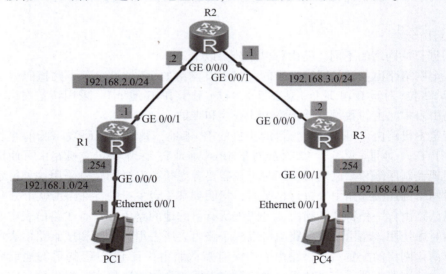

图 3-5　静态路由和默认路由网络拓扑

表 3-5　IP 地址规划

设备名称	接口	IP 地址	网关地址
PC1	E0/0/1	192. 168. 1. 1/24	192. 168. 1. 254
PC4	E0/0/1	192. 168. 4. 1/24	192. 168. 4. 254
R1	GE0/0/0	192. 168. 1. 254/24	—
	GE0/0/1	192. 168. 2. 1/24	—
R2	GE0/0/0	192. 168. 2. 2/24	—
	GE0/0/1	192. 168. 3. 1/24	—

续表

设备名称	接口	IP 地址	网关地址
R3	GE0/0/0	192.168.3.2/24	—
	GE0/0/1	192.168.4.254/24	—

（2）配置路由器接口 IP 地址和查看路由表。

对路由器 R1、R2、R3 的接口按表 3-5 配置 IP 地址。下面以 R1 为例进行 IP 地址的配置，请读者自行对 R2 和 R3 进行类似配置，命令如下：

```
<Huawei>system-view
[Huawei]sysname R1
[R1]int g0/0/0
[R1-GigabitEthernet0/0/0]ip address 192.168.1.254 24        //对 GE0/0/0 接口配置 IP 地址,24 为子网掩码,也可写成 255.255.255.0
[R1-GigabitEthernet0/0/0]int g0/0/1
[R1-GigabitEthernet0/0/1]ip address 192.168.2.1 24
[R1-GigabitEthernet0/0/1]quit
```

（3）查看路由表和通信测试。

使用 display ip routing-table 命令查看路由器 R1、R2、R3 的路由表。

查看 R1 的路由表的命令如下：

```
[R1]display ip routing-table
Route Flags:R-relay,D-download to fib
-------------------------------------------------------------------------------------
Routing Tables:Public
         Destinations:10        Routes:10
Destination/Mask        Proto   Pre  Cost  Flags   NextHop         Interface
127.0.0.0/8             Direct   0    0     D       127.0.0.1       InLoopBack0
127.0.0.1/32            Direct   0    0     D       127.0.0.1       InLoopBack0
127.255.255.255/32      Direct   0    0     D       127.0.0.1       InLoopBack0
192.168.1.0/24          Direct   0    0     D       192.168.1.254   GigabitEthernet0/0/0
//直连路由,R1 的 GE0/0/0 接口直连 192.168.1.0/24 网段,该接口的 IP 地址为 192.168.1.254
192.168.1.254/32        Direct   0    0     D       127.0.0.1       GigabitEthernet0/0/0
//R1 的 GE0/0/0 接口的 IP 地址
192.168.1.255/32        Direct   0    0     D       127.0.0.1       GigabitEthernet0/0/0
192.168.2.0/24          Direct   0    0     D       192.168.2.1     GigabitEthernet0/0/1
//直连路由,R1 的 GE0/0/1 接口直连 192.168.2.0/24 网段,该接口的 IP 地址为 192.168.2.1
192.168.2.1/32          Direct   0    0     D       127.0.0.1       GigabitEthernet0/0/1
//R1 的 GE0/0/1 接口的 IP 地址
192.168.2.255/32        Direct   0    0     D       127.0.0.1       GigabitEthernet0/0/1
255.255.255.255/32      Direct   0    0     D       127.0.0.1       InLoopBack0
```

在 R1 的路由表里，目的地址以 127 开头的路由是本地环回地址形成的路由，255.255.255.255 是广播地址。

用同样的方法查看 R2 和 R3 的路由表，并自行对路由表进行分析。

使用 ping 命令测试 PC1 和 PC4 的连通性，发现不能互通。

（4）在路由器上配置静态路由。

下面配置路由器 R1 的路由。R1 有两个直连网络，分别是 192.168.1.0/24 和 192.168.2.0/24，这两个网络不需要配置路由。由于 R1 不知道 192.168.3.0/24 和 192.168.4.0/24 这两个网络的路由，所以需要在 R1 上配置这两个静态路由，配置的时候要判断下一跳地址。同理配置路由器 R2 和 R3 的路由。命令如下：

```
[R1]ip route-static 192.168.3.0 24 192.168.2.2
//命令格式为:ip route-static 网络地址 子网掩码 下一跳 IP 地址(子网掩码也可以写成 255.255.255.0)
[R1]ip route-static 192.168.4.0 24 192.168.2.2
[R2]ip route-static 192.168.1.0 24 192.168.2.1
[R2]ip route-static 192.168.4.0 24 192.168.3.2
[R3]ip route-static 192.168.1.0 24 192.168.3.1
[R3]ip route-static 192.168.2.0 24 192.168.3.1
```

（5）查看路由表和测试。

在 R1 上查看路由器的路由表，其中 Proto 为 Static 的路由为静态路由，Proto 为 Direct 的路由为直连路由，命令如下：

```
[R1]display ip routing-table
Route Flags:R-relay,D-download to fib
-------------------------------------------------------------------------------------
Routing Tables:Public
          Destinations:12        Routes:12
Destination/Mask      Proto    Pre   Cost   Flags   NextHop          Interface
127.0.0.0/8           Direct   0     0      D       127.0.0.1        InLoopBack0
127.0.0.1/32          Direct   0     0      D       127.0.0.1        InLoopBack0
127.255.255.255/32    Direct   0     0      D       127.0.0.1        InLoopBack0
192.168.1.0/24        Direct   0     0      D       192.168.1.254    GigabitEthernet0/0/0
192.168.1.254/32      Direct   0     0      D       127.0.0.1        GigabitEthernet0/0/0
192.168.1.255/32      Direct   0     0      D       127.0.0.1        GigabitEthernet0/0/0
192.168.2.0/24        Direct   0     0      D       192.168.2.1      GigabitEthernet0/0/1
192.168.2.1/32        Direct   0     0      D       127.0.0.1        GigabitEthernet0/0/1
192.168.2.255/32      Direct   0     0      D       127.0.0.1        GigabitEthernet0/0/1
192.168.3.0/24        Static   60    0      RD      192.168.2.2      GigabitEthernet0/0/1
192.168.4.0/24        Static   60    0      RD      192.168.2.2      GigabitEthernet0/0/1
255.255.255.255/32    Direct   0     0      D       127.0.0.1        InLoopBack0
```

可以看到，R1 除有两个直连网段 192.168.1.0/24 和 192.168.2.0/24 以外，还由静态路由生成了到达 192.168.3.0/24 和 192.168.4.0/24 的非直连网段。

请读者按照同样方法，自行查看 R2 和 R3 的路由表。

采用 ping 命令测试 PC1 和 PC4 是否能够互通，测试结果为能够互通。

（6）配置默认路由。

从上面的步骤可知，R1 有两个直连网络，分别是 192.168.1.0/24 和 192.168.2.0/

24，这两个网络不需要配置静态路由，而 R1 去往 192.168.3.0/24 和 192.168.4.0/24 这两个网络的下一跳 IP 地址都是 192.168.2.2，因此这两个静态路由可以由一条指向 192.168.2.2 的默认路由代替。同理，R3 也存在类似情况，也可以做类似操作。

要实现这种配置，这里在前面配置的基础上，将 R1 和 R3 的静态路由删除，再增加一条默认路由即可，命令如下：

```
[R1]undo ip route-static 192.168.3.0 255.255.255.0 192.168.2.2
//删除静态路由配置,子网掩码 255.255.255.0 可以写成 24
[R1]undo ip route-static 192.168.4.0 255.255.255.0 192.168.2.2
[R1]ip route-static 0.0.0.0 0.0.0.0 192.168.2.2
//配置默认路由,默认路由的网络地址和子网掩码均为 0.0.0.0
[R3]undo ip route-static 192.168.1.0 255.255.255.0 192.168.3.1
[R3]undo ip route-static 192.168.2.0 255.255.255.0 192.168.3.1
[R3]ip route-static 0.0.0.0 0.0.0.0 192.168.3.1
```

（7）查看路由表和测试。

再次在 R1 上查看路由器的路由表，命令如下：

```
[R1]display ip routing-table
Route Flags:R-relay,D-download to fib
--------------------------------------------------------------------------------
Routing Tables:Public
        Destinations:11        Routes:11
Destination/Mask      Proto   Pre  Cost  Flags  NextHop        Interface
0.0.0.0/0             Static  60   0     RD     192.168.2.2    GigabitEthernet0/0/1
127.0.0.0/8          Direct  0    0     D      127.0.0.1      InLoopBack0
127.0.0.1/32         Direct  0    0     D      127.0.0.1      InLoopBack0
127.255.255.255/32   Direct  0    0     D      127.0.0.1      InLoopBack0
192.168.1.0/24       Direct  0    0     D      192.168.1.254  GigabitEthernet0/0/0
192.168.1.254/32     Direct  0    0     D      127.0.0.1      GigabitEthernet0/0/0
192.168.1.255/32     Direct  0    0     D      127.0.0.1      GigabitEthernet0/0/0
192.168.2.0/24       Direct  0    0     D      192.168.2.1    GigabitEthernet0/0/1
192.168.2.1/32       Direct  0    0     D      127.0.0.1      GigabitEthernet0/0/1
192.168.2.255/32     Direct  0    0     D      127.0.0.1      GigabitEthernet0/0/1
255.255.255.255/32   Direct  0    0     D      127.0.0.1      InLoopBack0
```

可以看到，R1 到达 192.168.3.0/24 和 192.168.4.0/24 非直连网段的路由已经由默认路由代替了。

请读者按照同样方法，自行查看 R3 的路由表。

采用 ping 命令测试 PC1 和 PC4 是否能够互通，测试结果为能够互通。

任务 3　动态路由 RIP 配置

路由信息协议（Routing Information Protocol，RIP）属于内部网关协议（Interior Gateway Protocol，IGP），用于一个自治系统内部。RIP 是一种基于距离向量的分布式的路由选择协议，实现简单，应用较为广泛。

目前，RIP 共有 3 个版本，分别是 RIPv1、RIPv2 和 RIPng，其中 RIPv1 和 RIPv2 用于 IPv4 网络，RIPng 用于 IPv6 网络。

RIPv1 和 RIPv2 的主要区别如下。

（1）RIPv1 是有类路由协议，RIPv2 是无类路由协议。

（2）RIPv1 不能支持变长子网掩码（Variable Length Subnet Mask，VLSM），RIPv2 可以支持 VLSM。

（3）RIPv1 没有认证的功能，RIPv2 可以支持认证，并且有明文和 MD5 两种认证。

（4）RIPv1 没有手工汇总的功能，RIPv2 可以在关闭自动汇总的前提下，进行手工汇总。

（5）RIPv1 是广播更新，RIPv2 是组播更新。

（6）RIPv1 对路由没有标记的功能，RIPv2 可以对路由打标记，用于过滤和做策略。

RIP 的最大优点是实现简单；缺点是收敛时间较长，交换的路由信息多，最大距离短等，因此该协议主要应用于规模较小的网络。对于复杂环境和大型网络，一般不使用 RIP。

3.3.1　RIPv1 的基本配置

任务要求

任务目的：掌握 RIPv1 的基本配置和查看方法。

实验操作：按照下面实验步骤进行操作。

习题：

在本小节实验步骤(4)中查看 R3 的路由表，请解释 R3 上的 RIP 路由条目实际是去往哪个网段的？R3 有 3 个非直连网段，为什么只有两条 RIP 路由条目？

1. 实验需求

处于不同子网的 PC，通过路由器组网连接，对路由器进行 RIPv1 配置，实现路由器路由表的动态生成，从而使不同子网的 PC 能够互通。

2. 实验步骤

（1）创建网络拓扑并配置 IP 地址。

打开 eNSP，创建图 3-6 所示的网络拓扑，路由器选择 AR2220。图上标注有 4 个不同的网段，各接口的 IP 地址规划如表 3-6 所示。

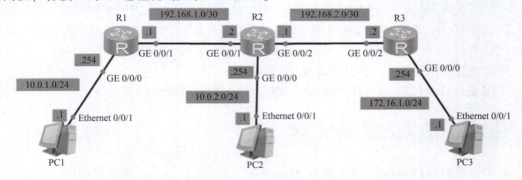

图 3-6　RIP 网络拓扑

表3-6 各接口的IP地址规划

设备名称	接口	IP地址	网关地址
PC1	E0/0/1	10. 0. 1. 1/24	10. 0. 1. 254
PC2	E0/0/1	10. 0. 2. 1/24	10. 0. 2. 254
PC3	E0/0/1	172. 16. 1. 1/24	172. 16. 1. 254
R1	GE0/0/0	10. 0. 1. 254/24	—
R1	GE0/0/1	192. 168. 1. 1/30	—
R2	GE0/0/0	10. 0. 2. 254/24	—
R2	GE0/0/1	192. 168. 1. 2/30	—
R2	GE0/0/2	192. 168. 2. 1/30	—
R3	GE0/0/0	172. 16. 1. 254/24	—
R3	GE0/0/2	192. 168. 2. 2/30	—

按表3-6对各PC进行IP地址配置,然后按表3-6对3台路由器的接口配置IP地址,示例如下:

```
[R2-GigabitEthernet0/0/1]ip address 192. 168. 1. 2 30
```

(2)连通性测试。

使用ping命令,测试PC1、PC2、PC3三者之间的连通性,测试结果为不能互通。

(3)在路由器上配置RIPv1。

在路由器R1、R2、R3上分别配置RIPv1,并将路由器接口直连网段发布到RIP中,命令如下:

```
[R1]rip 1        //启动RIP,进程号为1(注意不是版本为1,进程号的取值范围为1~65 535,默认值为1)
[R1-rip-1]version 1      //RIP默认配置为版本1,这条命令可以省略不写
[R1-rip-1]network 10. 0. 0. 0
//发布网段到RIP中,由于10.0.1.0/24网段的分类地址属于A类地址,所以写成A类地址的自然网段为10.0.0.0
[R1-rip-1]network 192. 168. 1. 0
[R1-rip-1]quit
[R2]rip 1
[R2-rip-1]network 192. 168. 1. 0
[R2-rip-1]network 192. 168. 2. 0
[R2-rip-1]network 10. 0. 0. 0
[R3]rip 1
[R3-rip-1]network 192. 168. 2. 0
[R3-rip-1]network 172. 16. 0. 0
```

注意:在RIP上发布的网络地址只能为分类地址的自然网段地址。

(4)查看路由表。

查看R1、R2、R3的路由表,检查RIP是否生效形成了路由条目,其中Proto显示为RIP的即RIP生成的路由条目。

查看 R1 的路由表，命令如下：

```
[R1]display ip routing-table
Route Flags:R-relay,D-download to fib
------------------------------------------------------------------------------------
Routing Tables:Public
        Destinations:13        Routes:13
```

Destination/Mask	Proto	Pre	Cost	Flags	NextHop	Interface
10. 0. 0. 0/8	RIP	100	1	D	192. 168. 1. 2	GigabitEthernet0/0/1
10. 0. 1. 0/24	Direct	0	0	D	10. 0. 1. 254	GigabitEthernet0/0/0
10. 0. 1. 254/32	Direct	0	0	D	127. 0. 0. 1	GigabitEthernet0/0/0
10. 0. 1. 255/32	Direct	0	0	D	127. 0. 0. 1	GigabitEthernet0/0/0
127. 0. 0. 0/8	Direct	0	0	D	127. 0. 0. 1	InLoopBack0
127. 0. 0. 1/32	Direct	0	0	D	127. 0. 0. 1	InLoopBack0
127. 255. 255. 255/32	Direct	0	0	D	127. 0. 0. 1	InLoopBack0
172. 16. 0. 0/16	RIP	100	2	D	192. 168. 1. 2	GigabitEthernet0/0/1
192. 168. 1. 0/30	Direct	0	0	D	192. 168. 1. 1	GigabitEthernet0/0/1
192. 168. 1. 1/32	Direct	0	0	D	127. 0. 0. 1	GigabitEthernet0/0/1
192. 168. 1. 3/32	Direct	0	0	D	127. 0. 0. 1	GigabitEthernet0/0/1
192. 168. 2. 0/24	RIP	100	1	D	192. 168. 1. 2	GigabitEthernet0/0/1
255. 255. 255. 255/32	Direct	0	0	D	127. 0. 0. 1	InLoopBack0

可以看到，R1 上通过 RIPv1 生成了到达非直连网段的 3 条路由条目。第一条其实是去往 10.0.2.0/24 网段的，但显示为 10.0.0.0/8，这是因为前面所说的 RIPv1 是有类路由协议，不识别 VLSM，只能将 10.0.2.0/24 识别成该地址所在的分类地址的自然掩码，即 10.0.0.0/8。同理，第二条是去往 172.16.1.0/24 网段的，第三条是去往 192.168.2.0/30 网段的。

查看 R2 的路由表，命令如下：

```
<R2>display ip routing-table
Route Flags:R-relay,D-download to fib
------------------------------------------------------------------------------------
Routing Tables:Public
        Destinations:15        Routes:15
```

Destination/Mask	Proto	Pre	Cost	Flags	NextHop	Interface
10. 0. 0. 0/8	RIP	100	1	D	192. 168. 1. 1	GigabitEthernet0/0/1
10. 0. 2. 0/24	Direct	0	0	D	10. 0. 2. 254	GigabitEthernet0/0/0
10. 0. 2. 254/32	Direct	0	0	D	127. 0. 0. 1	GigabitEthernet0/0/0
10. 0. 2. 255/32	Direct	0	0	D	127. 0. 0. 1	GigabitEthernet0/0/0
127. 0. 0. 0/8	Direct	0	0	D	127. 0. 0. 1	InLoopBack0
127. 0. 0. 1/32	Direct	0	0	D	127. 0. 0. 1	InLoopBack0
127. 255. 255. 255/32	Direct	0	0	D	127. 0. 0. 1	InLoopBack0
172. 16. 0. 0/16	RIP	100	1	D	192. 168. 2. 2	GigabitEthernet0/0/2
192. 168. 1. 0/30	Direct	0	0	D	192. 168. 1. 2	GigabitEthernet0/0/1
192. 168. 1. 2/32	Direct	0	0	D	127. 0. 0. 1	GigabitEthernet0/0/1
192. 168. 1. 3/32	Direct	0	0	D	127. 0. 0. 1	GigabitEthernet0/0/1

192. 168. 2. 0/30	Direct	0	0	D	192. 168. 2. 1	GigabitEthernet0/0/2
192. 168. 2. 1/32	Direct	0	0	D	127. 0. 0. 1	GigabitEthernet0/0/2
192. 168. 2. 3/32	Direct	0	0	D	127. 0. 0. 1	GigabitEthernet0/0/2
255. 255. 255. 255/32	Direct	0	0	D	127. 0. 0. 1	InLoopBack0

可以看到，R2 上通过 RIPv1 生成了到达非直连网段的两条路由条目。根据上面对 R1 的分析，第一条实际是去往 10.0.1.0/24 网段的；第二条实际是去往 172.16.1.0/24 网段的。

查看 R3 的路由表，命令如下：

```
<R3>display ip routing-table
Route Flags:R-relay,D-download to fib
--------------------------------------------------------------------------------
Routing Tables:Public
        Destinations:12         Routes:12
```

Destination/Mask	Proto	Pre	Cost	Flags	NextHop	Interface
10. 0. 0. 0/8	RIP	100	1	D	192. 168. 2. 1	GigabitEthernet0/0/2
127. 0. 0. 0/8	Direct	0	0	D	127. 0. 0. 1	InLoopBack0
127. 0. 0. 1/32	Direct	0	0	D	127. 0. 0. 1	InLoopBack0
127. 255. 255. 255/32	Direct	0	0	D	127. 0. 0. 1	InLoopBack0
172. 16. 1. 0/24	Direct	0	0	D	172. 16. 1. 254	GigabitEthernet0/0/0
172. 16. 1. 254/32	Direct	0	0	D	127. 0. 0. 1	GigabitEthernet0/0/0
172. 16. 1. 255/32	Direct	0	0	D	127. 0. 0. 1	GigabitEthernet0/0/0
192. 168. 1. 0/24	RIP	100	1	D	192. 168. 2. 1	GigabitEthernet0/0/2
192. 168. 2. 0/30	Direct	0	0	D	192. 168. 2. 2	GigabitEthernet0/0/2
192. 168. 2. 2/32	Direct	0	0	D	127. 0. 0. 1	GigabitEthernet0/0/2
192. 168. 2. 3/32	Direct	0	0	D	127. 0. 0. 1	GigabitEthernet0/0/2
255. 255. 255. 255/32	Direct	0	0	D	127. 0. 0. 1	InLoopBack0

可以看到，R3 上通过 RIPv1 生成了到达非直连网段的两条路由条目。请读者自行分析它们实际是去往哪个网段的，并完成习题。

（5）连通性测试。

使用 ping 命令，测试 PC1、PC2、PC3 之间的连通性，测试结果为能够互通。

（6）查看 RIPv1 的路由更新情况。

执行 debugging 命令，开启 RIPv1 调测功能。注意，只能在用户观图下执行 debugging 命令。在 R1 上开启 RIPv1 调测功能，命令如下：

```
<R1>terminal monitor              //使能终端显示信息中心发送信息的功能
<R1>terminal debugging            //开启 debug 信息在终端屏幕上显示的功能
<R1>debugging rip 1               //对 rip 1 进行调测
<R1>
Jan 30 2024 19:56:35. 574. 1-08:00 R1 RIP/7/DBG:6:13414:RIP 1:Receiving v1 response on GigabitEthernet0/0/1 from 192. 168. 1. 2 with 3 RTEs
// RIPv1 在 R1 的 GE0/0/1 接口接收到从 192. 168. 1. 2 来的 3 条路径
<R1>
```

Jan 30 2024 19:56:35. 574. 2−08:00 R1 RIP/7/DBG:6:13465:RIP 1:Receive response from 192. 168. 1. 2 on GigabitEthernet0/0/1

<R1>

Jan 30 2024 19:56:35. 574. 3−08:00 R1 RIP/7/DBG:6:13476:Packet:Version 1,Cmd response,Length 64

<R1>

Jan 30 2024 19:56:35. 574. 4−08:00 R1 RIP/7/DBG:6:13527:Dest 10. 0. 0. 0,Cost 1

<R1>

Jan 30 2024 19:56:35. 574. 5−08:00 R1 RIP/7/DBG:6:13527:Dest 172. 16. 0. 0,Cost 2

<R1>

Jan 30 2024 19:56:35. 574. 6−08:00 R1 RIP/7/DBG:6:13527:Dest192. 168. 2. 0,Cost 1

//这3条路径信息分别是:可去往10.0.0.0目的网段,度量是1;可去往172.16.0.0目的网段,度量是2;可去往192.168.2.0目的网段,度量是1

<R1>

Jan 30 2024 19:56:37. 4. 1−08:00 R1 RIP/7/DBG:25:5071:RIP 1:Periodic timer expired for interface Giga-bitEthernet0/0/0

<R1>

Jan 30 2024 19:56:37. 4. 2−08:00 R1 RIP/7/DBG:25:6278:RIP 1:Job Periodic

Update is created

<R1>

Jan 30 2024 19:56:37. 4. 3−08:00 R1 RIP/7/DBG:25:5719:RIP 1:Periodic timer expired for interface Giga-bitEthernet0/0/0(10. 0. 1. 254)and its added to periodic update queue

<R1>

Jan 30 2024 19:56:37. 4. 4−08:00 R1 RIP/7/DBG:25:5251:RIP 1:Job Periodic

Update is scheduled for interface GigabitEthernet0/0/0

<R1>

Jan 30 2024 19:56:37. 4. 5−08:00 R1 RIP/7/DBG:25:5428:RIP 1:Periodic

Update Completed for interface GigabitEthernet0/0/0,Time=0 Ms

<R1>

Jan 30 2024 19:56:37. 4. 6−08:00 R1 RIP/7/DBG:25:6048:RIP 1:Interface

GigabitEthernet0/0/0(10. 0. 1. 254)is deleted from the periodic update queue

<R1>

Jan 30 2024 19:56:38. 194. 1−08:00 R1 RIP/7/DBG:6:13405:RIP 1:Sending v1

response on GigabitEthernet0/0/0 from 10. 0. 1. 254 with 5 RTEs

<R1>

Jan 30 2024 19:56:38. 194. 2−08:00 R1 RIP/7/DBG:6:13456:RIP 1:Sending

response on interface GigabitEthernet0/0/0 from 10. 0. 1. 254 to 255. 255. 255. 255

<R1>

Jan 30 2024 19:56:38. 194. 3−08:00 R1 RIP/7/DBG:6:13476:Packet:Version 1,Cmd response,Length 104

<R1>

Jan 30 2024 19:56:38. 194. 4−08:00 R1 RIP/7/DBG:6:13527:Dest 10. 0. 1. 0,Cost 1

<R1>

Jan 30 2024 19:56:38. 194. 5−08:00 R1 RIP/7/DBG:6:13527:Dest 10. 0. 0. 0,Cost 1

<R1>

```
    Jan 30 2024 19:56:38. 194. 6-08:00 R1 RIP/7/DBG:6:13527:Dest172. 16. 0. 0,Cost 3

<R1>
    Jan 30 2024 19:56:38. 194. 7-08:00 R1 RIP/7/DBG:6:13527:Dest192. 168. 1. 0,Cost 1
<R1>
    Jan 30 2024 19:56:38. 194. 8-08:00 R1 RIP/7/DBG:6:13527:Dest192. 168. 2. 0,Cost 2
<R1>
    Jan 30 2024 19:56:40. 4. 1-08:00 R1 RIP/7/DBG:25:5071:RIP 1:Periodic timer
        expired for interface GigabitEthernet0/0/1
    …
<R1>quit                                        //关闭 debugging
```

从以上在 R1 上监测的 RIPv1 更新消息可以看出，R1 从 GE0/0/1 和 GE0/0/0 两个接口不断接收/发送更新信息，从而动态建立起路由条目。

路由器通过 GE0/0/1 接口接收到 RIPv1 的更新消息后，会从 GE0/0/0 接口广播发送生成的 RIPv1 的更新消息，将这个更新消息转发给邻居。这个邻居在这里是 PC1，实际上对于主机来说，并不需要接收这样的路由更新。可以将 GE0/0/0 接口设置为静默接口（执行 silent-interface GigabitEthernet0/0/0 命令），这样，路由器就不会从此接口发送路由更新了，但仍然可以接收更新消息。

3.3.2 RIPv2 的基本配置

任务要求

任务目的： 掌握 RIPv2 的基本配置和查看方法。

实验操作： 按照下面实验步骤进行操作。

习题：

在使用 debugging 命令调测 RIPv1 和 RIPv2 时，为什么使用的命令都是 debugging rip 1？

1. 实验需求

处于不同子网的 PC，通过路由器组网连接，对路由器进行 RIPv2 配置，实现路由器路由表的动态生成，从而使不同子网的 PC 能够互通。

2. 实验步骤

（1）创建网络拓扑并配置 IP 地址。

本小节实验仍然沿用图 3-6 所示的网络拓扑，各接口的 IP 地址沿用表 3-6。

如果本小节实验是在 3.3.1 小节实验完成的基础上进行配置，则可直接跳到实验步骤 2 的步骤（3），否则将进行如下配置。

按表 3-6 对各 PC 进行 IP 地址配置，然后按表 3-6 对 3 台路由器的接口配置 IP 地址，示例如下：

```
[R2-GigabitEthernet0/0/1]ip address 192. 168. 1. 2 30
```

（2）连通性测试。

使用 ping 命令，测试 PC1、PC2、PC3 三者之间的连通性，结果为不能互通。

（3）在路由器上配置 RIPv2 并查看配置情况。

在路由器 R1、R2、R3 上分别配置 RIPv2，并将路由器接口直连网段发布到 RIP 中，命令如下：

```
[R1]rip 1
[R1-rip-1]version 2                      //版本为v2
//如果是在 3.3.1 小节实验配置的基础上,以下深色底板部分不用重复配置
[R1-rip-1]network 10.0.0.0
//发布网段到 RIP 中,因为 10.0.1.0/24 网段的分类地址属于 A 类地址,所以写成 A 类地址的自然网
段为 10.0.0.0
[R1-rip-1]network 192.168.1.0
[R1-rip-1]undo summary                   //关闭路由汇总(路由聚合)功能


[R2]rip 1
[R2-rip-1]version 2
[R2-rip-1]network 192.168.1.0
[R2-rip-1]network 192.168.2.0
[R2-rip-1]network 10.0.0.0
[R2-rip-1]undo summary


[R3]rip 1
[R3-rip-1]version 2
[R3-rip-1]network 192.168.2.0
[R3-rip-1]network 172.16.0.0
[R3-rip-1]undo summary
```

注意：在 RIP 上发布的网络地址只能为分类地址的自然网段地址。

在 rip 1 模式下查看配置信息，检查配置是否正确，命令如下：

```
[R1-rip-1]display this
[V200R003C00]
#
rip 1
undo summary
version 2
network 10.0.0.0
network 192.168.1.0
#
return
[R1-rip-1]quit

[R2-rip-1]display this
[V200R003C00]
#
rip 1
```

```
undo summary
version 2
network 192. 168. 1. 0
network 192. 168. 2. 0
network 10. 0. 0. 0
#
return
[R2-rip-1]quit

[R3-rip-1]display this
[V200R003C00]
#
rip 1
undo summary
version 2
network 192. 168. 2. 0
network 172. 16. 0. 0
#
return
[R3-rip-1]quit
```

（4）查看路由表。

查看 R1、R2、R3 的路由表，检查 RIP 是否生效，形成了路由条目，其中 Proto 显示为 RIP 的即 RIP 生成的路由条目。

查看 R1 的路由表，命令如下：

```
[R1]display ip routing-table
Route Flags:R-relay,D-download to fib
----------------------------------------------------------------------------------
Routing Tables:Public
         Destinations:13        Routes:13
```

Destination/Mask	Proto	Pre	Cost	Flags	NextHop	Interface
10. 0. 1. 0/24	Direct	0	0	D	10. 0. 1. 254	GigabitEthernet0/0/0
10. 0. 1. 254/32	Direct	0	0	D	127. 0. 0. 1	GigabitEthernet0/0/0
10. 0. 1. 255/32	Direct	0	0	D	127. 0. 0. 1	GigabitEthernet0/0/0
10. 0. 2. 0/24	RIP	100	1	D	192. 168. 1. 2	GigabitEthernet0/0/1
127. 0. 0. 0/8	Direct	0	0	D	127. 0. 0. 1	InLoopBack0
127. 0. 0. 1/32	Direct	0	0	D	127. 0. 0. 1	InLoopBack0
127. 255. 255. 255/32	Direct	0	0	D	127. 0. 0. 1	InLoopBack0
172. 16. 1. 0/24	RIP	100	2	D	192. 168. 1. 2	GigabitEthernet0/0/1
192. 168. 1. 0/30	Direct	0	0	D	192. 168. 1. 1	GigabitEthernet0/0/1
192. 168. 1. 1/32	Direct	0	0	D	127. 0. 0. 1	GigabitEthernet0/0/1
192. 168. 1. 3/32	Direct	0	0	D	127. 0. 0. 1	GigabitEthernet0/0/1
192. 168. 2. 0/30	RIP	100	1	D	192. 168. 1. 2	GigabitEthernet0/0/1
255. 255. 255. 255/32	Direct	0	0	D	127. 0. 0. 1	InLoopBack0

可以看到，R1 上通过 RIPv2 生成了到达非直连网段的 3 条路由条目。与 RIPv1 生成的路由表对比可以发现，这些路由条目都是支持 VLSM 的。

请读者自行查看 R2、R3 的路由表。

（5）连通性测试。

使用 ping 命令，测试 PC1、PC2、PC3 三者之间的连通性，结果为能够互通。

（6）查看 RIPv2 的路由更新情况。

执行 debugging 命令，开启 RIPv2 调测功能。注意，只能在用户视图下执行 debugging 命令。在 R1 上开启 RIPv2 调测功能，命令如下：

```
<R1>terminal debugging
<R1>debugging rip 1
Info:Current terminal debugging is on.
<R1>
Jan 31 2024 15:01:01. 68. 1-08:00 R1 RIP/7/DBG:6:13414:RIP 1:Receiving v2
response on GigabitEthernet0/0/1 from 192. 168. 1. 2 with 3 RTEs
<R1>
Jan 31 2024 15:01:01. 68. 2-08:00 R1 RIP/7/DBG:6:13465:RIP 1:Receive
response from 192. 168. 1. 2 on GigabitEthernet0/0/1
<R1>
Jan 31 2024 15:01:01. 68. 3-08:00 R1 RIP/7/DBG:6:13476:Packet:Version 2,Cmd response,Length 64
<R1>
Jan 31 2024 15:01:01. 68. 4-08:00 R1 RIP/7/DBG:6:13546:Dest 10. 0. 2. 0/24,
                                          Nexthop 0. 0. 0. 0,Cost 1,Tag 0
<R1>
Jan 31 2024 15:01:01. 68. 5-08:00 R1 RIP/7/DBG:6:13546:Dest 172. 16. 1. 0/24,
                                          Nexthop 0. 0. 0. 0,Cost 2,Tag 0
<R1>
Jan 31 2024 15:01:01. 68. 6-08:00 R1 RIP/7/DBG:6:13546:Dest 192. 168. 2. 0/30,
                                          Nexthop 0. 0. 0. 0,Cost 1,Tag 0
…
<R1>quit
```

对比上一小节中 RIPv1 调测结果可以看到，RIPv2 的路由更新消息中多了很多内容。例如，在 Dest 10. 0. 2. 0/24、Nexthop 0. 0. 0. 0、Cost 1、Tag 0 消息中，目的网段可以识别 VLSM，有下一跳内容（0. 0. 0. 0 表示宣告者本身），有 Tag 路由标记（可用于路由过滤和设置策略）。

任务4　动态路由 OSPF 配置

开放最短通路优先协议（Open Shortest Path First，OSPF）是一个内部网关协议。OSPF 用于在单一自治系统（Autonomous System，AS）中决策路由，使用迪杰斯特拉（Dijkstra）提出的最短路径（Shortest Path First，SPF）算法生成路由表。OSPF 分为 OSPFv2 和 OSPFv3 两个版本，其中 OSPFv2 用于 IPv4 网络，OSPFv3 用于 IPv6 网络。OSPF 支持可变长度的子网划分和无类别域间路由选择(Classless Inter-Domain Routing，CIDR)。

OSPF 属于分布式的链路状态协议(Link State Protocol，LSP)。当链路状态发生变化时，OSPF 路由器使用可靠的洪泛法(Flooding)向本自治系统中的所有路由器发送信息，发送的信息是与本路由器相邻的所有路由器的链路状态，包括本路由器与哪些路由器相邻，以及该链路的度量(Metric)等。由于一台路由器的链路状态只涉及与相邻路由器的连通状态，而与整个互联网的规模并无直接关系，所以在较大的网络里，OSPF 比距离向量协议 RIP 更有优势。

所有的路由器都维护一个链路状态数据库(Link State DataBase，LSDB)，这个数据库实际上就是全网的网络拓扑，这个网络拓扑在全网范围内是一致的(即链路状态数据库的同步)。每台路由器使用 LSDB 中的数据，通过如 SPF 算法构造自己的路由表。OSPF 的更新过程收敛得快，没有"坏消息传播得慢"的问题，不会产生路由环路。

为了使 OSPF 能够用于较大的网络，OSPF 将一个自治域再划分为若干个更小的范围，称为区域(Area)。区域内的详细拓扑信息不向其他区域发送，区域间传递的是聚合的路由信息，减少了整个网络上的通信量。每个区域都有自己的 LSDB，不同区域的 LSDB 是不同的。

区域分为骨干区域(BackBone Area)和标准区域(Normal Area)，骨干区域位于顶层。在一个自治域中，只能有一个骨干区域。所有的标准区域应该直接和骨干区域相连，标准区域间的通信分组要通过骨干区域路由转发，标准区域只能和骨干区域交换链路状态公告(Link State Announcement，LSA)。为了区分区域，需要给区域命名，区域的命名可以采用整数，如1、2、3等，也可以采用 32 位 IP 地址的形式，如0.0.0.1、0.0.0.2。骨干区域只能被命名为0。

OSPF 采用了指定路由器(Designated Router，DR)的方法，使广播的信息量大大减少。指定路由器代表该局域网上的所有链路向连接到该网络上的各 OSPF 路由器发送状态信息。在选举出一个 DR 的同时，会选举出一台备份指定路由器(Backup Designated Router，BDR)。BDR 也和该网络内的所有路由器建立邻接关系并交换路由信息，当 DR 失效后，BDR 会立即成为 DR。对于多点接入的局域网，DR 和 BDR 作为交换 OSPF 路由信息的中心点。在点对点链路上，不需要选举 DR 和 BDR。

3.4.1 单区域 OSPF 的基本配置

单区域 OSPF 应用于网络规模不大、只需使用 area 0 一个区域就能满足需求的情况。

任务要求

任务目的：掌握单区域 OSPF 的基本配置和查看方法。
实验操作：按照下面实验步骤进行操作。
习题：

完成本小节实验步骤后，请在路由器接口上进行抓包，查看 OSPF 分组是使用什么协议传送的？查看 hello 包内容，发送间隔时间是多少？思考 hello 包在 OSPF 中的用途。

1. 实验需求

某单位有 4 个办公区，每个办公区放置一台路由器，不同办公区网络属于不同子网。现在需要实现各办公区之间的网络互通，决定在路由器上配置单区域 OSPF 以实现此功能。

2. 实验步骤

（1）创建网络拓扑并配置 IP 地址。

打开 eNSP，创建图 3-7 所示的网络拓扑。路由器选择 AR2220。4 个办公区分别由 R1~R4 进行连接，连接了图中标注的 5 个不同的子网段。IP 地址和 Router ID 规划如表 3-7 所示。

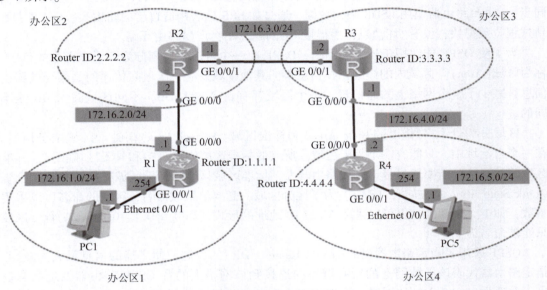

图 3-7　单区域 OSPF 网络拓扑

表 3-7　IP 地址和 Router ID 规划

设备名称	接口	IP 地址	网关地址	Router ID
PC1	E0/0/1	172. 16. 1. 1/24	172. 16. 1. 254	—
PC5	E0/0/1	172. 16. 5. 1/24	172. 16. 5. 254	—
R1	GE0/0/0	172. 16. 2. 1/24	—	1. 1. 1. 1
	GE0/0/1	172. 16. 1. 254/24	—	
R2	GE0/0/0	172. 16. 2. 2/24	—	2. 2. 2. 2
	GE0/0/1	172. 16. 3. 1/24	—	
R3	GE0/0/0	172. 16. 4. 1/24	—	3. 3. 3. 3
	GE0/0/1	172. 16. 3. 2/24	—	
R4	GE0/0/0	172. 16. 4. 2/24	—	4. 4. 4. 4
	GE0/0/1	172. 16. 5. 254/24	—	

首先按表 3-7 对各 PC 进行 IP 地址配置，然后按表 3-7 对 4 个路由器的接口配置 IP

地址，示例如下：

```
[R1-GigabitEthernet0/0/1]ip address 172. 16. 1. 254 24
```

（2）连通性测试。

使用 ping 命令，测试 PC1、PC5 之间的连通性，结果为不能互通。

（3）在路由器上配置 OSPF。

在 R1、R2、R3、R4 上配置 OSPF，首先设置路由器 ID，然后将所有路由器接口配置到 area 0，最后将直连网段发布到路由器 area 0 上。

配置命令 ospf 1 中的 1 为进程号，进程号可以设置为 1~65 535 中的任意值，但其只具有本地意义，不需要在路由器之间匹配一致。进程号用来区分本路由器上运行的不同 OSPF 进程。例如，某台路由器可能是两个自治系统的边界路由器时，需要使用两个进程区分。

路由器 ID 是一个 32 位的标识符，用于在 OSPF 域中唯一标识一台路由器，建议在配置时自定义设置路由器 ID。如果没有设置路由器 ID，则 OSPF 会按如下顺序认可一个地址作为路由器 ID：首先是路由器最大的环回接口的 IP 地址，其次是最大的活动物理接口的 IP 地址。

在路由器上配置 OSPF 的命令如下：

```
[R1]ospf 1 router-id 1. 1. 1. 1          //进入 OSPF 路由配置模式,进程号为 1,设置路由器 ID 为 1. 1. 1. 1
[R1-ospf-1]area 0                        //创建 area 0,单区域 OSPF 只有一个骨干区域 0
[R1-ospf-1-area-0. 0. 0. 0]network 172. 16. 1. 0 0. 0. 0. 255
//宣告直连网段,支持 VLSM 和 CIDR,但注意要使用反掩码
[R1-ospf-1-area-0. 0. 0. 0]network 172. 16. 2. 0 0. 0. 0. 255


[R2]ospf 1 router-id 2. 2. 2. 2
[R2-ospf-1]area 0
[R2-ospf-1-area-0. 0. 0. 0]network 172. 16. 2. 0 0. 0. 0. 255
[R2-ospf-1-area-0. 0. 0. 0]network 172. 16. 3. 0 0. 0. 0. 255


[R3]ospf 1 router-id 3. 3. 3. 3
[R3-ospf-1]area 0
[R3-ospf-1-area-0. 0. 0. 0]network 172. 16. 3. 0 0. 0. 0. 255
[R3-ospf-1-area-0. 0. 0. 0]network 172. 16. 4. 0 0. 0. 0. 255


[R4]ospf router-id 4. 4. 4. 4
[R4-ospf-1]area 0
[R4-ospf-1-area-0. 0. 0. 0]network 172. 16. 4. 0 0. 0. 0. 255
[R4-ospf-1-area-0. 0. 0. 0]network 172. 16. 5. 0 0. 0. 0. 255
```

（4）测试与查看。

1）使用 ping 命令，测试 PC1、PC5 之间的连通性，结果为能够互通。

2）查看路由表。以 R1 为例，查看 R1 的路由表，命令如下：

```
<R1>display ip routing-table
Route Flags:R-relay,D-download to fib
```

```
Routing Tables:Public
        Destinations:13      Routes:13
Destination/Mask        Proto    Pre   Cost   Flags   NextHop          Interface
127. 0. 0. 0/8          Direct   0     0      D       127. 0. 0. 1     InLoopBack0
127. 0. 0. 1/32         Direct   0     0      D       127. 0. 0. 1     InLoopBack0
127. 255. 255. 255/32   Direct   0     0      D       127. 0. 0. 1     InLoopBack0
172. 16. 1. 0/24        Direct   0     0      D       172. 16. 1. 254  GigabitEthernet0/0/1
172. 16. 1. 254/32      Direct   0     0      D       127. 0. 0. 1     GigabitEthernet0/0/1
172. 16. 1. 255/32      Direct   0     0      D       127. 0. 0. 1     GigabitEthernet0/0/1
172. 16. 2. 0/24        Direct   0     0      D       172. 16. 2. 1    GigabitEthernet0/0/0
172. 16. 2. 1/32        Direct   0     0      D       127. 0. 0. 1     GigabitEthernet0/0/0
172. 16. 2. 255/32      Direct   0     0      D       127. 0. 0. 1     GigabitEthernet0/0/0
172. 16. 3. 0/24        OSPF     10    2      D       172. 16. 2. 2    GigabitEthernet0/0/0
172. 16. 4. 0/24        OSPF     10    3      D       172. 16. 2. 2    GigabitEthernet0/0/0
172. 16. 5. 0/24        OSPF     10    4      D       172. 16. 2. 2    GigabitEthernet0/0/0
255. 255. 255. 255/32   Direct   0     0      D       127. 0. 0. 1     InLoopBack0
```

可以看出，路由器 R1 上通过 OSPF 生成了去往 172. 16. 3. 0/24、172. 16. 4. 0/24、172. 16. 5. 0/24 网段的路由条目。其他路由器的路由表请读者自行查看。

3）查看 OSPF 1 的概要信息。以 R1 为例，查看 OSPF 1 的概要信息，命令如下：

```
<R1>display ospf 1 brief
OSPF Process 1 with Router ID 1. 1. 1. 1
OSPF Protocol Information

RouterID:1. 1. 1. 1            Border Router:
Multi-VPN-Instance is not enabled
Global DS-TE Mode:Non-Standard IETF Mode
Graceful-restart capability:disabled
Helper support capability:not configured
Applications Supported:MPLS Traffic-Engineering
Spf-schedule-interval:max 10000ms,start 500ms,hold 1000ms
Default ASE parameters:Metric:1 Tag:1 Type:2
Route Preference:10
ASE Route Preference:150
SPF Computation Count:14
RFC 1583 Compatible
Retransmission limitation is disabled
Area Count:1Nssa Area Count:0
ExChange/Loading Neighbors:0
Process total up interface count:2
Process valid up interface count:2

Area:0. 0. 0. 0            (MPLS TE not enabled)
```

Authtype:None Area flag:Normal

SPF scheduled Count:14

ExChange/Loading Neighbors:0

Router ID conflict state:Normal

Area interface up count:2

Interface:172. 16. 2. 1(GigabitEthernet0/0/0)

Cost:1   State:DR   Type:Broadcast   MTU:1500

Priority:1

Designated Router:172. 16. 2. 1

Backup Designated Router:172. 16. 2. 2

Timers:Hello 10,Dead 40,Poll   120,Retransmit 5,Transmit Delay 1

Interface:172. 16. 1. 254(GigabitEthernet0/0/1)

Cost:1   State:DR   Type:Broadcast   MTU:1500

Priority:1

Designated Router:172. 16. 1. 254

Backup Designated Router:0. 0. 0. 0

Timers:Hello 10,Dead 40,Poll 120,Retransmit 5,Transmit Delay 1

4）查看 OSPF 1 的邻居信息。查看路由器的 OSPF 的邻居信息是对 OSPF 调试和排障的常用命令之一。以 R2 为例，查看 OSPF 1 的邻居信息，命令如下：

```
<R2>display ospf peer
OSPF Process 1 with Router ID 2. 2. 2. 2
Neighbors
Area 0. 0. 0. 0 interface 172. 16. 2. 2(GigabitEthernet0/0/0)' s neighbors
Router ID:1. 1. 1. 1          Address:172. 16. 2. 1
   State:Full Mode:Nbr is Slave Priority:1
   DR:172. 16. 2. 1   BDR:172. 16. 2. 2   MTU:0
   Dead timer due in 40 sec
   Retrans timer interval:5
   Neighbor is up for 00:22:54
   Authentication Sequence:[ 0 ]

Neighbors
Area 0. 0. 0. 0 interface 172. 16. 3. 1(GigabitEthernet0/0/1)' s neighbors
Router ID:3. 3. 3. 3          Address:172. 16. 3. 2
   State:Full Mode:Nbr is Master Priority:1
   DR:172. 16. 3. 1   BDR:172. 16. 3. 2   MTU:0
   Dead timer due in 33   sec
   Retrans timer interval:5
   Neighbor is up for 00:18:00
   Authentication Sequence:[ 0 ]
```

可以看到，路由器 R2 有两个邻居。

5）查看路由器接口的 OSPF 1 的信息。以 R1 为例，查看 R1 接口的 OSPF 1 的信息，命令如下：

```
<R1>display ospf 1 interface
OSPF Process 1 with Router ID 1.1.1.1
Interfaces
Area:0.0.0.0          (MPLS TE not enabled)
IP Address        Type        State   Cost   Pri   DR              BDR
172.16.2.1        Broadcast   DR      1      1     172.16.2.1      172.16.2.2
172.16.1.254      Broadcast   DR      1      1     172.16.1.254    0.0.0.0
```

6）查看路由器 OSPF 1 的数据库信息。以 R1 为例，查看 R1 的 OSPF 1 的数据库信息，命令如下：

```
<R1>display ospf 1 lsdb
OSPF Process 1 with Router ID 1.1.1.1
Link State Database
Area:0.0.0.0
Type        LinkState ID     AdvRouter      Age     Len     Sequence     Metric
Router      4.4.4.4          4.4.4.4        1434    48      80000005     1
Router      2.2.2.2          2.2.2.2        1619    48      80000008     1
Router      1.1.1.1          1.1.1.1        118     48      80000008     1
Router      3.3.3.3          3.3.3.3        1487    48      80000008     1
Network     172.16.3.1       2.2.2.2        1619    32      80000002     0
Network     172.16.4.1       3.3.3.3        1487    32      80000002     0
Network     172.16.2.1       1.1.1.1        118     32      80000003     0
```

字段解释如下。

①LinkState ID：当 Type 为 Router 时，为路由器 ID 号，代表路由器；当 Type 为 Network 时，为 DR 接口的 IP 地址。

②AdvRouter：通告路由器的 ID 号。

③Age：老化时间。

④Len：LSA 的大小。

⑤Sequence：LSA 序列号（来自 LSA 报头）。

⑥Metric：度量值。

3.4.2 多区域 OSPF 的基本配置

如果单个区域的规模很大，即设备数量和链路数量多，则 SPF 算法会消耗更多的 CPU 资源，区域内 LSA 泛洪数量大，占用链路资源。路由数量过多将导致 LSDB 非常庞大，占用大量的存储空间，增加设备负担。

因此，需要将 OSPF 整个路由域划分为多个区域，每个区域各自执行 OSPF 算法，区域内的路由器只需要维护自己区域内的路由，这样 SPF 路由计算速度更快，可以减少区域泛洪的影响，继而减少 LSDB 的大小及计算开销。

任务要求

任务目的：掌握多区域 OSPF 的基本配置和查看方法。

实验操作：按照下面实验步骤进行操作。

习题：

完成本小节实验步骤后，请在路由器接口上进行抓包，查看有哪些 OSPF 数据包？当把某个路由器接口关闭以后，抓包情况会有什么变化？

1. 实验需求

某单位有 4 个办公区，每个办公区放置一台路由器，不同办公区网络属于不同子网。现在需要实现各办公区之间的网络互通。为了减少路由信息在网络上的传送量，决定在路由器上配置多区域 OSPF 以实现此功能。

2. 实验步骤

（1）创建网络拓扑并配置 IP 地址。

本小节实验依然采用图 3-7 所示的网络拓扑，路由器选择 AR2220。4 个办公区分别由 R1~R4 进行连接，连接了图 3-8 中标注的 5 个不同的子网段。与上一小节实验的不同之处在于，划分了多个 OSPF 区域 area 0~2，如图 3-8 所示。IP 地址、Router ID 和区域规划如表 3-8 所示。

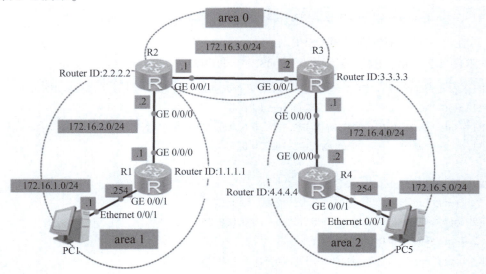

图 3-8　多区域 OSPF 网络拓扑

表 3-8　IP 地址、Router ID 和区域规划

设备名称	接口	IP 地址	网关地址	Router ID	区域（area）
PC1	E0/0/1	172. 16. 1. 1/24	172. 16. 1. 254	—	—
PC5	E0/0/1	172. 16. 5. 1/24	172. 16. 5. 254	—	—
R1	E0/0/0	172. 16. 2. 1/24	—	1. 1. 1. 1	1
	E0/0/1	172. 16. 1. 254/24	—		1

续表

设备名称	接口	IP 地址	网关地址	Router ID	区域 (area)
R2	GE0/0/0	172. 16. 2. 2/24	—	2. 2. 2. 2	1
	GE0/0/1	172. 16. 3. 1/24	—		0
R3	GE0/0/0	172. 16. 4. 1/24	—	3. 3. 3. 3	2
	GE0/0/1	172. 16. 3. 2/24	—		0
R4	GE0/0/0	172. 16. 4. 2/24	—	4. 4. 4. 4	2
	GE0/0/1	172. 16. 5. 254/24	—		2

如果是在 3.4.1 小节实验基础上继续本节实验，则下面对 PC 和路由器接口的 IP 配置可以跳过，但同时需要删除上一小节的 4 台路由器上的 OSPF 路由配置，命令如下：

```
[R1]undo ospf 1
[R2]undo ospf 1
[R3]undo ospf 1
[R4]undo ospf 1
```

按表 3-8 对各 PC 进行 IP 地址配置，然后按表 3-8 对 4 台路由器的接口配置 IP 地址，示例如下：

```
[R1-GigabitEthernet0/0/1]ip address 172. 16. 1. 254 24
```

（2）在路由器上配置多区域 OSPF。

在 R1、R2、R3、R4 上配置多区域 OSPF，命令如下：

```
[R1]ospf 1 router-id 1.1.1.1        //进入 OSPF 路由配置模式,进程号为 1,设置路由器 ID 为 1.1.1.1
[R1-ospf-1]area 1                   //创建 area 1
[R1-ospf-1-area-0.0.0.1]network 172.16.1.0 0.0.0.255        //宣告直连网段
[R1-ospf-1-area-0.0.0.1]network 172.16.2.0 0.0.0.255

[R2]ospf 1 router-id 2.2.2.2
[R2-ospf-1]area 1
[R2-ospf-1-area-0.0.0.1]network 172.16.2.0 0.0.0.255
[R2-ospf-1-area-0.0.0.1]area 0
[R2-ospf-1-area-0.0.0.0]network 172.16.3.0 0.0.0.255

[R3]ospf 1 router-id 3.3.3.3
[R3-ospf-1]area 0
[R3-ospf-1-area-0.0.0.0]network 172.16.3.0 0.0.0.255
[R3-ospf-1-area-0.0.0.0]area 2
[R3-ospf-1-area-0.0.0.2]network 172.16.4.0 0.0.0.255

[R4]ospf 1 router-id 4.4.4.4
[R4-ospf-1]area 2
```

[R4-ospf-1-area-0. 0. 0. 2]network 172. 16. 4. 0 0. 0. 0. 255
[R4-ospf-1-area-0. 0. 0. 2]network 172. 16. 5. 0 0. 0. 0. 255

（3）连通性测试。

使用 ping 命令，测试 PC1、PC5 之间的连通性，结果为能够互通。

（4）查看路由表和配置信息。

1）查看路由表。以 R1 为例，查看 R1 的路由表，命令如下：

```
<R1>display ip routing-table
Route Flags:R-relay,D-download to fib
------------------------------------------------------------------------------------
Routing Tables:Public
         Destinations:13          Routes:13
```

Destination/Mask	Proto	Pre	Cost	Flags	NextHop	Interface
127. 0. 0. 0/8	Direct	0	0	D	127. 0. 0. 1	InLoopBack0
127. 0. 0. 1/32	Direct	0	0	D	127. 0. 0. 1	InLoopBack0
127. 255. 255. 255/32	Direct	0	0	D	127. 0. 0. 1	InLoopBack0
172. 16. 1. 0/24	Direct	0	0	D	172. 16. 1. 254	GigabitEthernet0/0/1
172. 16. 1. 254/32	Direct	0	0	D	127. 0. 0. 1	GigabitEthernet0/0/1
172. 16. 1. 255/32	Direct	0	0	D	127. 0. 0. 1	GigabitEthernet0/0/1
172. 16. 2. 0/24	Direct	0	0	D	172. 16. 2. 1	GigabitEthernet0/0/0
172. 16. 2. 1/32	Direct	0	0	D	127. 0. 0. 1	GigabitEthernet0/0/0
172. 16. 2. 255/32	Direct	0	0	D	127. 0. 0. 1	GigabitEthernet0/0/0
172. 16. 3. 0/24	OSPF	10	2	D	172. 16. 2. 2	GigabitEthernet0/0/0
172. 16. 4. 0/24	OSPF	10	3	D	172. 16. 2. 2	GigabitEthernet0/0/0
172. 16. 5. 0/24	OSPF	10	4	D	172. 16. 2. 2	GigabitEthernet0/0/0
255. 255. 255. 255/32	Direct	0	0	D	127. 0. 0. 1	InLoopBack0

可以看出，路由器 R1 上通过 OSPF 生成了去往 172. 16. 3. 0/24、172. 16. 4. 0/24、172. 16. 5. 0/24 网段的路由条目。其他路由器的路由表请读者自行查看。

2）查看 OSPF 1 的邻居信息。以 R2 为例，查看 OSPF 1 的邻居信息，命令如下：

```
<R2>display ospf peer
OSPF Process 1 with Router ID 2. 2. 2. 2
Neighbors
Area 0. 0. 0. 0 interface 172. 16. 3. 1(GigabitEthernet0/0/1)' s neighbors
Router ID:3. 3. 3. 3          Address:172. 16. 3. 2
   State:Full    Mode:Nbr is Master Priority:1
   DR:172. 16. 3. 1 BDR:172. 16. 3. 2 MTU:0
   Dead timer due in 32 sec
   Retrans timer interval:5
   Neighbor is up for 00:46:16
   Authentication Sequence:[ 0 ]

Neighbors
```

```
Area 0. 0. 0. 1 interface 172. 16. 2. 2(GigabitEthernet0/0/0)' s neighbors
Router ID:1. 1. 1. 1          Address:172. 16. 2. 1
    State:Full Mode:Nbr is Slave Priority:1
    DR:172. 16. 2. 1 BDR:172. 16. 2. 2 MTU:0
    Dead timer due in 37 sec
    Retrans timer interval:5
    Neighbor is up for 00:48:46
    Authentication Sequence:[ 0 ]
```

可以看到，路由器R2有两个邻居，分别在两个区域area 0和area 1中。

3）查看路由器接口的OSPF 1的信息。以R2为例，查看R2接口的OSPF 1的信息，命令如下：

```
<R2>display ospf 1 interface
OSPF Process 1 with Router ID 2. 2. 2. 2
Interfaces
```

Area:0. 0. 0. 0		(MPLS TE not enabled)				
IP Address	Type	State	Cost	Pri	DR	BDR
172. 16. 3. 1	Broadcast	DR	1	1	172. 16. 3. 1	172. 16. 3. 2

Area:0. 0. 0. 1		(MPLS TE not enabled)				
IP Address	Type	State	Cost	Pri	DR	BDR
172. 16. 2. 2	Broadcast	BDR	1	1	172. 16. 2. 1	172. 16. 2. 2

可以看到，路由器R2连接了两个区域，分别是区域area 0和area 1，R2属于区域边界路由器（Area Border Route，ABR），即位于OSPF区域边界上，将这些区域连接到骨干区域（area 0）的路由器上。

4）查看路由器OSPF 1的数据库信息。以R1为例，查看R1的OSPF 1的数据库信息，命令如下：

```
<R1>display ospf lsdb
OSPF Process 1 with Router ID 1. 1. 1. 1
Link State Database
Area:0. 0. 0. 1
```

Type	LinkState ID	AdvRouter	Age	Len	Sequence	Metric
Router	2. 2. 2. 2	2. 2. 2. 2	1548	36	80000005	1
Router	1. 1. 1. 1	1. 1. 1. 1	1556	48	80000008	1
Network	172. 16. 2. 1	1. 1. 1. 1	1556	32	80000003	0
Sum−Net	172. 16. 3. 0	2. 2. 2. 2	1533	28	80000002	1
Sum−Net	172. 16. 5. 0	2. 2. 2. 2	1312	28	80000002	3
Sum−Net	172. 16. 4. 0	2. 2. 2. 2	1378	28	80000002	2

上面查看内容中，Type为Router（路由器）和为Network（网络）的LSA只在本区域泛洪，不穿越ABR。对于R1所在的area 1来说，ABR就是R2，所以发布LSA的路由器只在area 1内（路由器R1 ID 1. 1. 1. 1和路由器R2 ID 2. 2. 2. 2），没有穿越到R2以外的其他

路由器。而其他区域泛洪过来的 LSA，是在 R2 这里汇总为 Type 为 Sum-Net（汇总网络）的链路状态公告，由 R2 负责通告给 area 1 里的路由器 R1。

（5）调测 OSPF。

调测 OSPF，主要包括显示发送/接收 hello 包、邻居改变事件、DR 选取、如何建立邻接关系等。

下面在 R1 的 GE0/0/0 接口上对 hello 包情况进行调测。注意，调测时需要使能信息更新通知，默认是开启的，如果关闭过，则需要在系统视图下执行 info-center enable 命令开启该通知，这样才能显示调测信息。

调测 OSPF 的命令如下：

```
<R1> terminal monitor
<R1>terminal debugging
<R1>debugging ospf packet hello interface GigabitEthernet 0/0/0
<R1>
Feb 2 2024 11:32:46. 79. 11-08:00 R1 RM/6/RMDEBUG:Rtr Priority:1,Dead Int:40
<R1>
Feb   2 2024 11:32:46. 79. 12-08:00 R1 RM/6/RMDEBUG:DR:172. 16. 2. 1
<R1>
Feb   2 2024 11:32:46. 79. 13-08:00 R1 RM/6/RMDEBUG:BDR:172. 16. 2. 2
<R1>
Feb   2 2024 11:32:46. 79. 14-08:00 R1 RM/6/RMDEBUG:# Attached Neighbors:1
<R1>
Feb   2 2024 11:32:46. 79. 15-08:00 R1 RM/6/RMDEBUG:Neighbor:1. 1. 1. 1
<R1>
Feb   2 2024 11:32:46. 79. 16-08:00 R1 RM/6/RMDEBUG:
<R1>
Feb   2 2024 11:32:46. 259. 1-08:00 R1 RM/6/RMDEBUG:
FileID:0xd0178025 Line:559 Level:0x20
OSPF 1:SEND Packet. Interface:GigabitEthernet0/0/0
<R1>
Feb   2 2024 11:32:46. 259. 2-08:00 R1 RM/6/RMDEBUG:Source Address:172. 16. 2. 1
<R1>
Feb   2 2024 11:32:46. 259. 3-08:00 R1 RM/6/RMDEBUG:Destination Address:224. 0. 0. 5
<R1>
Feb   2 2024 11:32:46. 259. 4-08:00 R1 RM/6/RMDEBUG:Ver# 2,Type:1(Hello)
<R1>
Feb   2 2024 11:32:46. 259. 5-08:00 R1 RM/6/RMDEBUG:Length:48,Router:1. 1. 1. 1
<R1>
Feb   2 2024 11:32:46. 259. 6-08:00 R1 RM/6/RMDEBUG:Area:0. 0. 0. 1,Chksum:9a6f
<R1>
Feb   2 2024 11:32:46. 259. 7-08:00 R1 RM/6/RMDEBUG:AuType:00
<R1>
Feb   2 2024 11:32:46. 259. 8-08:00 R1 RM/6/RMDEBUG:Key(ascii):********
```

```
<R1>
Feb  2 2024 11:32:46. 259. 9-08:00 R1 RM/6/RMDEBUG:Net Mask:255. 255. 255. 0
<R1>
Feb  2 2024 11:32:46. 259. 10-08:00 R1 RM/6/RMDEBUG:Hello Int:10,Option:_E_
<R1>
Feb 2 2024 11:32:46. 259. 11-08:00 R1 RM/6/RMDEBUG:Rtr Priority:1,Dead Int:40
<R1>
Feb  2 2024 11:32:46. 259. 12-08:00 R1 RM/6/RMDEBUG:DR:172. 16. 2. 1
<R1>
Feb  2 2024 11:32:46. 259. 13-08:00 R1 RM/6/RMDEBUG:BDR:172. 16. 2. 2
<R1>
Feb  2 2024 11:32:46. 259. 14-08:00 R1 RM/6/RMDEBUG:# Attached Neighbors:1
<R1>
Feb  2 2024 11:32:46. 259. 15-08:00 R1 RM/6/RMDEBUG:Neighbor:2. 2. 2. 2
```

参数说明如下。

1）Hello Int: 10：以太网或点对点网络默认发送 hello 包的时间间隔是 10 s，即每隔 10 s 发送 hello 包。不同的网络类型发送 hello 包的频率不一样，这个时间可以使用命令修改。

2）Dead Int: 40：hello 包的死亡时间（失效时间），如果超过这个时间仍然没有收到来自邻居的新的 hello 包，那么这个邻居将被宣告为无效。

任务5　应用服务器配置

3.5.1　DHCP 服务器配置

动态主机配置协议（Dynamic Host Configuration Protocol，DHCP）为计算机提供了即插即用连网的机制，允许一台计算机加入新的网络并获取正确的 IP 地址等配置信息，而不用手动配置。使用 DHCP 可以减轻网络管理员的负担，提升 IP 地址的使用率。

DHCP 使用客户端—服务器方式，采用请求/应答方式工作。DHCP 基于用户数据报协议（User Datagram Protocol，UDP）工作，DHCP 服务器运行在 67 号接口，DHCP 客户端运行在 68 号接口。

为了寻找 DHCP 服务器，DHCP 客户端以广播方式发送 DHCP 发现报文 DHCPDISCOVER，该报文仅会在 DHCP 客户端所在的本地网络中传输，而不会被路由器转发。如果 DHCP 客户端和 DHCP 服务器不在同一个本地网，则可以在路由器上配置 DHCP 中继代理服务（DHCP Relay），这样就没有必要在每个物理的网段上都要有 DHCP 服务器。DHCP 中继代理服务可以传递消息给不在同一个物理子网的 DHCP 服务器，也可以将服务器的消息传回给不在同一个物理子网的 DHCP 客户端。

在选择 DHCP 配置模式时，可配置为全局地址池或接口地址池。全局地址池可以供所有接口下的主机使用创建的地址池中的地址。接口地址池默认为该接口所在的网段，它只能供本接口下的主机使用。全局地址池可以指定 IP 作为网关地址，接口地址池用接口 IP

地址作为网关地址，不可以指定其他 IP 地址作为网关地址。此外，如果下面有设备作为 DHCP 中继，那么只能用全局地址池。

任务要求

任务目的：掌握 DHCP 全局地址池、接口地址池配置和 DHCP 中继代理服务的配置方法，掌握配置查看方法。

实验操作：按照下面实验步骤进行操作。

习题：

完成本小节实验步骤后，在路由器 R2 上查看是否有地址池信息？为什么？

1. 实验需求

某单位用两台路由器连接了总部（A 部门、B 部门）和分部（C 部门），路由采用 OSPF 协议。为提高私网地址的利用率，除总部的一个 WWW 服务器和 DNS 服务器设置了固定 IP 地址以外，总部的其他 PC 和分部的 PC 均采用 DHCP 分配动态 IP 地址。DHCP 服务器设置在直连总部的路由器上，连接分部的路由器需要设置 DHCP 中继来实现对分部 PC 的动态地址分配。对 B 部门采用接口地址池模式，地址租期设置为 3 天，其他采用全局地址池模式。

2. 实验步骤

（1）创建网络拓扑并配置 IP 地址。

打开 eNSP，创建图 3-9 所示的网络拓扑，路由器选择 AR2220，交换机选择 S3700，Server 在网络设备区"终端"里可以找到。IP 地址和 Router ID 规划如表 3-9 所示。

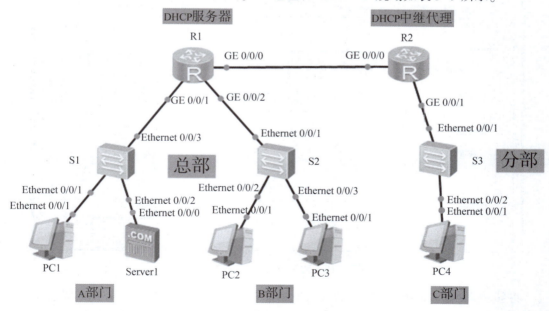

图 3-9 DHCP 网络拓扑

表 3-9　IP 地址和 Router ID 规划

设备名称	接口	IP 地址	Router ID
PC1	E0/0/1	自动获取	—
PC2	E0/0/1	自动获取	—
PC3	E0/0/1	自动获取	—
PC4	E0/0/1	自动获取	—
R1	GE0/0/0	192.168.3.1/24	1.1.1.1
	GE0/0/1	192.168.1.254/24	
	GE0/0/2	192.168.2.254/24	
R2	GE0/0/0	192.168.3.2/24	2.2.2.2
	GE0/0/1	192.168.4.254/24	
Server1	E0/0/0	192.168.1.253/24	—
DNS	—	192.168.1.252/24	—

按表 3-9 对 Server1 进行 IP 地址配置。双击"Server1"图标，在弹出的设置窗口中选择"基础配置"选项卡，在其中配置 IP 地址、子网掩码和网关地址，然后单击右下角的"保存"按钮，如图 3-10 所示。

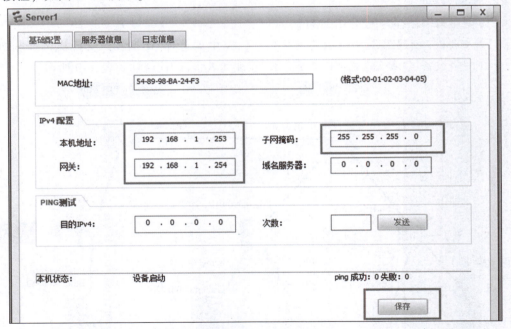

图 3-10　对 Server1 配置 IP 地址

将各 PC 设置为 DHCP 动态获取 IP 地址模式。双击各 PC 图标，在弹出的设置窗口的"基础配置"选项卡"IPv4 配置"区域选择"DHCP"单选按钮，并勾选"自动获取 DNS 服务器地址"复选框，单击右下角的"应用"按钮，如图 3-11 所示。

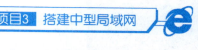

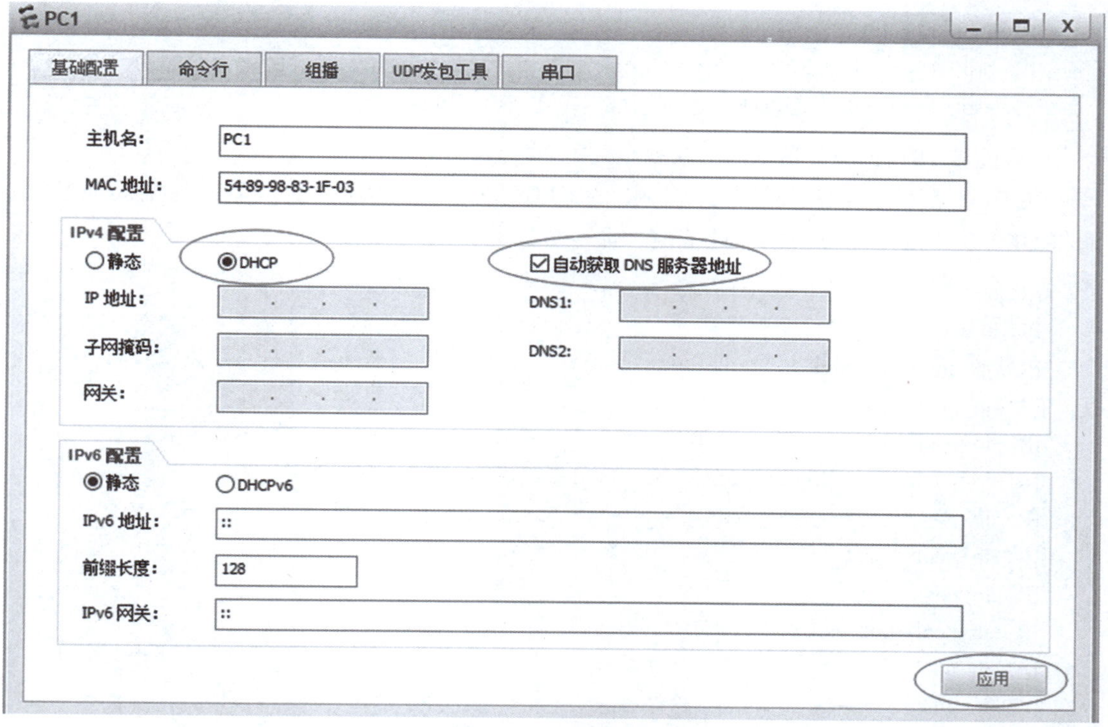

图 3-11　设置 PC 为 DHCP 动态获取 IP 地址模式

（2）对路由器接口配置 IP 地址和路由协议。

按表 3-9 对路由器 R1 和 R2 接口配置 IP 地址，并配置 OSPF 路由协议，命令如下：

```
[R1]int g0/0/1
[R1-GigabitEthernet0/0/1]ip address 192.168.1.254 24
[R1-GigabitEthernet0/0/1]int g0/0/0
[R1-GigabitEthernet0/0/0]ip address 192.168.3.1 24
[R1-GigabitEthernet0/0/0]int g0/0/2
[R1-GigabitEthernet0/0/2]ip address 192.168.2.254 24
[R1-GigabitEthernet0/0/2]quit
[R1]ospf 1 router-id 1.1.1.1
[R1-ospf-1]area 0
[R1-ospf-1-area-0.0.0.0]network 192.168.1.0 0.0.0.255
[R1-ospf-1-area-0.0.0.0]network 192.168.2.0 0.0.0.255
[R1-ospf-1-area-0.0.0.0]network 192.168.3.0 0.0.0.255


[R2]int g0/0/0
[R2-GigabitEthernet0/0/0]ip address 192.168.3.2 24
[R2-GigabitEthernet0/0/0]int g0/0/1
[R2-GigabitEthernet0/0/1]ip address 192.168.4.254 24
[R2-GigabitEthernet0/0/1]quit
[R2]ospf 1 router-id 2.2.2.2
```

```
[R2-ospf-1]area 0
[R2-ospf-1-area-0.0.0.0]network 192.168.3.0 0.0.0.255
[R2-ospf-1-area-0.0.0.0]network 192.168.4.0 0.0.0.255
```

（3）配置 DHCP 服务器。

在 R1 上配置 DHCP 服务器，将 R1 的 GE0/0/0 和 GE0/0/1 接口配置为全局地址池，而将 GE0/0/2 接口配置为接口地址池，命令如下：

```
[R1]dhcp enable                                   //开启 DHCP 功能
[R1]ip pool 1                                     //创建地址池,名称为 1(名称自定义)
[R1-ip-pool-1]network 192.168.1.0 mask 24         //为地址池创建地址块
[R1-ip-pool-1]gateway-list 192.168.1.254          //为地址池设置网关地址
[R1-ip-pool-1]dns-list 192.168.1.252              //为地址池设置域名服务器地址
[R1-ip-pool-1]excluded-ip-address 192.168.1.252   //排除域名服务器地址不能再用于自动分配
[R1-ip-pool-1]excluded-ip-address 192.168.1.253   //排除 Server1 地址不能再用于自动分配
[R1-ip-pool-1]quit
[R1]ip pool 2
[R1-ip-pool-2]network 192.168.4.0 mask 24
[R1-ip-pool-2]gateway-list 192.168.4.254
[R1-ip-pool-2]dns-list 192.168.1.252
[R1-ip-pool-2]quit
[R1]int g0/0/0
[R1-GigabitEthernet0/0/0]dhcp select global       //将 GE0/0/0 接口配置为全局地址池
[R1-GigabitEthernet0/0/0]int g0/0/1
[R1-GigabitEthernet0/0/1]dhcp select global       //将 GE0/0/1 接口配置为全局地址池
[R1-GigabitEthernet0/0/1]quit
[R1]int g0/0/2
[R1-GigabitEthernet0/0/2]dhcp select interface    //将 GE0/0/2 接口配置为接口 DHCP
[R1-GigabitEthernet0/0/2]dhcp server dns-list 192.168.1.252
//为地址池设置域名服务器地址,注意,接口地址池的配置命令比全局地址池多了 DHCP Server
[R1-GigabitEthernet0/0/2]dhcp server lease day 3  //设置地址租期为 3 天,默认为 1 天
```

（4）配置 DHCP 中继代理服务。

在路由器 R2 上启动并配置 DHCP 中继代理服务，命令如下：

```
[R2]dhcp enable                                   //开启 DHCP 功能
[R2]int g0/0/1
[R2-GigabitEthernet0/0/1]dhcp select relay        //将 GE0/0/1 接口配置为 DHCP 中继
[R2-GigabitEthernet0/0/1]dhcp relay server-ip 192.168.3.1
//为该网段主机指定上级 DHCP 服务器的地址
```

（5）查看各 PC 的 IP 地址的获取情况。

双击各 PC 图标，在命令行界面执行 ipconfig 命令，查看各 PC 的 IP 地址信息，PC1～PC4 的 IP 地址的获取情况分别如图 3-12～图 3-15 所示。

PC1

| 基础配置 | 命令行 | 组播 | UDP发包工具 | 串口 |

```
PC>ipconfig

Link local IPv6 address...........: fe80::5689:98ff:fe83:1f03
IPv6 address.....................: :: / 128
IPv6 gateway.....................: ::
IPv4 address.....................: 192.168.1.251
Subnet mask......................: 255.255.255.0
Gateway..........................: 192.168.1.254
Physical address.................: 54-89-98-83-1F-03
DNS server.......................: 192.168.1.252
```

图 3-12 PC1 的 IP 地址的获取情况

PC2

| 基础配置 | 命令行 | 组播 | UDP发包工具 | 串口 |

```
PC>ipconfig

Link local IPv6 address...........: fe80::5689:98ff:fe5d:41a6
IPv6 address.....................: :: / 128
IPv6 gateway.....................: ::
IPv4 address.....................: 192.168.2.253
Subnet mask......................: 255.255.255.0
Gateway..........................: 192.168.2.254
Physical address.................: 54-89-98-5D-41-A6
DNS server.......................: 192.10.1.252
```

图 3-13 PC2 的 IP 地址的获取情况

PC3

| 基础配置 | 命令行 | 组播 | UDP发包工具 | 串口 |

```
PC>ipconfig

Link local IPv6 address...........: fe80::5689:98ff:fe8f:3ee8
IPv6 address.....................: :: / 128
IPv6 gateway.....................: ::
IPv4 address.....................: 192.168.2.252
Subnet mask......................: 255.255.255.0
Gateway..........................: 192.168.2.254
Physical address.................: 54-89-98-8F-3E-E8
DNS server.......................: 192.10.1.252
```

图 3-14 PC3 的 IP 地址的获取情况

PC4

| 基础配置 | 命令行 | 组播 | UDP发包工具 | 串口 |

```
PC>ipconfig

Link local IPv6 address...........: fe80::5689:98ff:fec8:3016
IPv6 address.....................: :: / 128
IPv6 gateway.....................: ::
IPv4 address.....................: 192.168.4.253
Subnet mask......................: 255.255.255.0
Gateway..........................: 192.168.4.254
Physical address.................: 54-89-98-C8-30-16
DNS server.......................: 192.168.1.252
```

图 3-15 PC4 的 IP 地址的获取情况

可以看到，各 PC 都自动获得了 IP 地址、网关地址和 DNS 服务器地址。其中，配置为接口地址池所属的 PC2 和 PC3 将路由器 R1 的 GE0/0/2 接口地址作为网关地址。PC4 也成功地通过 DHCP 中继从 DHCP 服务器 R1 的全局地址池中匹配自己所在接口的网关地址，从而获得了各项 IP 地址。

（6）在路由器（DHCP 服务器）上查看地址池情况。

在路由器 R1 上用 display ip pool 命令查看所有地址池情况：

```
<R1>display ip pool
--------------------------------------------------------------------------
    Pool-name      :1                          //名称为 1 的地址池情况
    Pool-No        :0
    Position       :Local          Status        :Unlocked
    Gateway-0      :192. 168. 1. 254
    Mask           :255. 255. 255. 0
    VPN instance   :--
--------------------------------------------------------------------------
    Pool-name      :2                          //名称为 2 的地址池情况
    Pool-No        :1
    Position       :Local          Status        :Unlocked
    Gateway-0      :192. 168. 4. 254
    Mask           :255. 255. 255. 0
    VPN instance   :--
--------------------------------------------------------------------------
    Pool-name      :GigabitEthernet 0/0/2      //接口地址池情况
    Pool-No        :2
    Position       :Interface      Status        :Unlocked
    Gateway-0      :192. 168. 2. 254
    Mask           :255. 255. 255. 0
    VPN instance   :--

    IP address Statistic                       //地址统计情况
    Total      :759
    Used       :4          Idle       :753
    Expired    :0          Conflict   :0          Disable  :2
```

可以看出，在 R1 上有 3 个地址池，其中有一个为接口地址池。所有地址池共有 759 个地址，其中已经使用了 4 个，还剩 753 个，有 2 个地址不可用。

如果想进一步查看某个地址池，则可使用"display ip pool name <地址池名称>"命令。例如，查看名称为 1 的地址池情况的命令如下：

```
<R1>display ip pool name 1
    Pool-name      :1
    Pool-No        :0
    Lease          :1 Days 0 Hours 0 Minutes    //地址租期(默认情况)
```

Domain-name	:-					
DNS-server0	:192. 168. 1. 252					
NBNS-server0	:-					
Netbios-type	:-					
Position	:Local	Status	:Unlocked			
Gateway-0	:192. 168. 1. 254					
Mask	:255. 255. 255. 0					
VPN instance	:--					

Start	End	Total	Used	Idle(Expired)	Conflict	Disable
192. 168. 1. 1	192. 168. 1. 254	253	1	250(0)	0	2

从最后一行信息可以看出：地址池1的起止地址段，已经使用了一个地址，有两个地址不可用。

(7)连通性测试。

采用 ping 命令测试各 PC 之间，以及各 PC 与 Server1 之间的连通性，结果为能够互通。

3.5.2 DNS、FTP、Web 服务器配置

任务要求

任务目的：掌握 DNS、FTP、Web 服务器的配置和测试。

实验操作：按照下面实验步骤进行操作。

习题：

在实验过程中，DNS、FTP 和 HTTP 的接口号分别是多少？

1. DNS、FTP、Web 简介

(1)DNS 简介。

域名系统(Domain Name System，DNS)是互联网使用的命名系统，用来把域名转换为 IP 地址。DNS 是一个联机分布式数据库系统，采用客户端—服务器方式工作，使用 UDP 进行传输。

域名到 IP 地址的解析是由分布在互联网上的许多域名服务器共同完成的。DNS 服务器内的每一个域名都有自己的域文件(Zone File)，域文件由多个资源记录组成，记录了与域名有关的信息，有多种类型。

主机 DNS 解析查找顺序如下。

1)本地查找，顺序为浏览器缓存、操作系统缓存(通过 ipconfig/display dns 可查询)、本地 hosts 文件。

2)如果第一步没查到，则查询本地 DNS 服务器(也称为主域名服务器)，顺序为区域记录、DNS 服务器缓存。

3)服务器到服务器查询，顺序为转发器、根、顶级域、二级域、授权域名服务器。

主机向本地域名服务器的查询有两种方式：递归查询和迭代查询。

（2）FTP 简介。

文件传送协议（File Transfer Protocol，FTP）是互联网上使用广泛的文件传送协议之一。FTP 提供交互式的访问，允许客户指明文件的类型与格式，并允许文件具有存/取权限。FTP 屏蔽了各计算机系统的细节，因而适合在异构网络中任意计算机之间传送文件。

FTP 使用客户端—服务器方式，以命令/响应方式进行交互。一个 FTP 服务器进程可同时为多个客户端进程提供服务。FTP 的服务器进程由两大部分组成：一个主进程，负责接收新的请求；若干从属进程，包括一个控制进程和若干数据传送进程，负责处理单个请求。FTP 使用 TCP 可靠传输服务。

（3）Web 简介。

Web 是万维网的简称。万维网是一个大规模的、联机式的信息储藏所，有了它，可以非常方便地从一个站点链接到另一个站点。

万维网的客户程序向互联网中的服务器程序发出请求，Web 服务器程序向客户端程序送回客户端所要的万维网文档。在客户端程序主窗口上显示出的万维网文档称为页面，万维网使用超文本标记语言（HyperText Markup Language，HTML）来显示各种万维网页面。

万维网使用统一资源定位符（Uniform Resource Locator，URL）来标识万维网上的各种文档，并使每个文档在整个互联网的范围内具有唯一的标识符。URL 的一般形式为"<协议>：//<主机>：<接口>/<路径>"。

万维网客户端程序与服务器程序之间进行交互所使用的协议是超文本传送协议（Hyper Text Transfer Protocol，HTTP）。HTTP 使用 TCP 连接进行可靠的传送。HTTP 的 URL 的一般形式是"http：//<主机>：<接口>/<路径>"。

HTTP 的报文有两类：请求报文，即从客户端向服务器发送请求的报文；响应报文，即服务器对客户端的回答。

2. 实验需求

某单位需要搭建 DNS 服务器实现域名解析，需要搭建 FTP 和 Web 服务器以便于更好地开展工作，能够通过 PC、客户端使用 IP 地址和域名访问 FTP 和 Web 服务器。

3. 实验步骤

（1）创建网络拓扑并配置 IP 地址。

打开 eNSP，创建图 3-16 所示的网络拓扑。在网络设备区"终端"里单击"PC""Client"和"Server"图标，交换机选择 S5700。IP 地址和域名规划如表 3-10 所示。

表 3-10　IP 地址和域名规划

设备名称	IP 地址	域名
PC1	192.168.1.1/24	—
Client1	192.168.1.2/24	—
Server1	192.168.1.3/24	—
DNS 服务器	192.168.1.3/24	—
FTP 服务器	192.168.1.3/24	ftp.testftp.com
Web 服务器	192.168.1.3/24	www.testweb.com

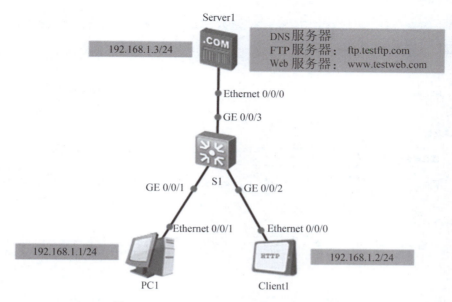

图 3-16 DNS、FTP、Web 服务器网络拓扑

（2）配置各设备的 IP 地址和 DNS 服务器地址。

按表 3-10 完成 PC1、Client1 和 Server1 的 IP 地址配置和域名服务器地址配置。PC1 的 IP 地址和 DNS 服务器地址配置如图 3-17 所示，Client1 的 IP 地址和 DNS 服务器地址配置如图 3-18 所示，Server1 的 IP 地址和 DNS 服务器地址配置如图 3-19 所示，配置完成后，单击右下角的"应用"或"保存"按钮。

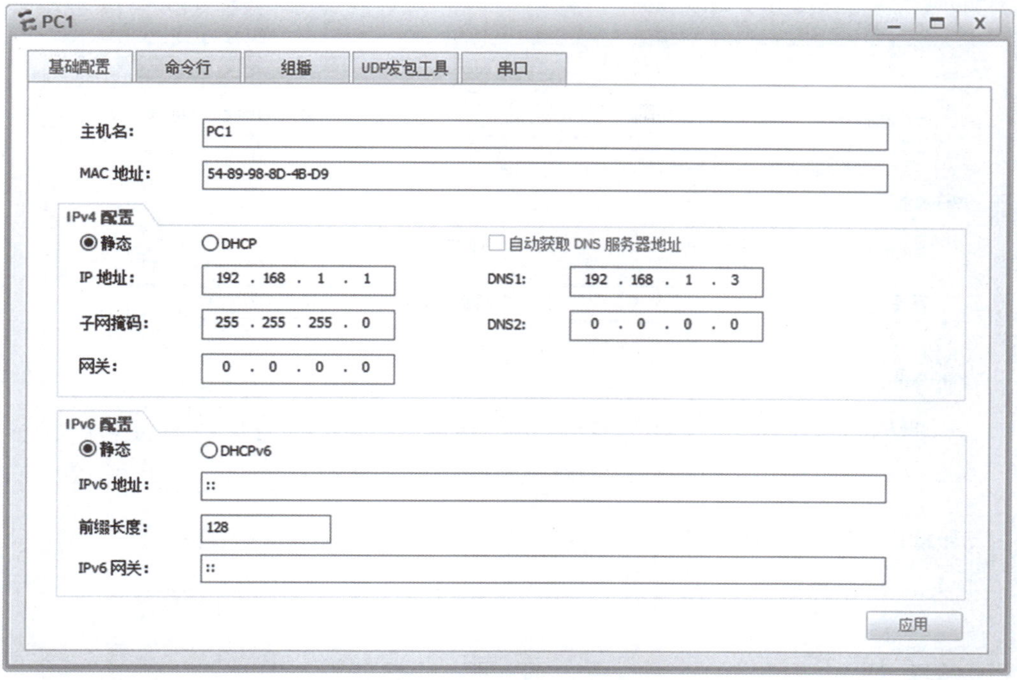

图 3-17 PC1 的 IP 地址和 DNS 服务器地址配置

Client1

基础配置　　客户端信息　　日志信息

MAC 地址：　　　54-89-98-32-52-91　　　（格式:00-01-02-03-04-05）

IPv4 配置

本机地址：　192 . 168 . 1 . 2　　　子网掩码：　255 . 255 . 255 . 0

网关：　　　0 . 0 . 0 . 0　　　域名服务器：　192 . 168 . 1 . 3

PING测试

目的IPv4：　0 . 0 . 0 . 0　　　次数：　　　　　发送

本机状态：　　　设备关闭　　　　　　　Ping成功: 0　失败: 0

保存

图 3-18　Client1 的 IP 地址和 DNS 服务器地址配置

Server1

基础配置　　服务器信息　　日志信息

MAC 地址：　　　54-89-98-04-10-0B　　　（格式:00-01-02-03-04-05）

IPv4 配置

本机地址：　192 . 168 . 1 . 3　　　子网掩码：　255 . 255 . 255 . 0

网关：　　　0 . 0 . 0 . 0　　　域名服务器：　192 . 168 . 1 . 3

PING测试

目的IPv4：　0 . 0 . 0 . 0　　　次数：　　　　　发送

本机状态：　　　设备关闭　　　　　　　Ping成功: 0　失败: 0

保存

图 3-19　Server1 的 IP 地址和 DNS 服务器地址配置

（3）连通性测试。

启动各设备后，使用 ping 命令测试 PC1、Client1 和 Server1 之间的连通性。

在 Client1 上测试时，双击"Client1"图标，在弹出的设置窗口的"基础配置"选项卡的"PING 测试"区域中输入目的 IP 地址和测试包次数值。例如，目的地址是 Server1，测试包次数是 4。然后单击"发送"按钮，即可在下面"本机状态"区域查看 ping 成功的次数，如图 3-20 所示。在"日志信息"选项卡中也可查看 ping 结果信息。

在 Server1 上的操作与之类似。

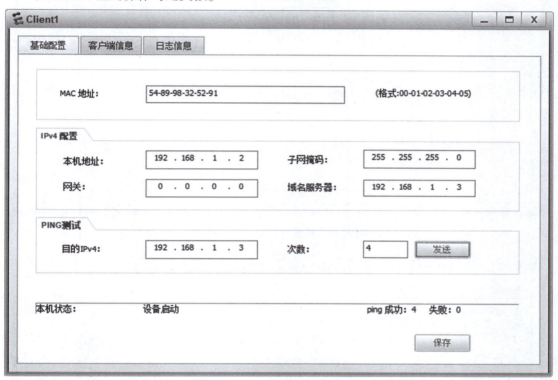

图 3-20 在 Client1 上测试连通性

（4）在 Server1 上配置并启动 DNS 服务器。

双击"Server1"图标，在弹出的设置窗口的"服务器信息"选项卡中选择左边栏中的"DNS-Server"选项，在"配置"区域的"主机域名"和"IP 地址"文本框中输入域名"ftp. testftp. com"和其对应的 IP 地址，单击"增加"按钮，再次输入域名"www. testweb. com"和其对应的 IP 地址，单击"增加"按钮，配置完成后的结果如图 3-21 所示。

配置完成后，单击"启动"按钮，启动 DNS 服务器。在"日志信息"选项卡中可以查看日志，确认服务器是否成功启动。

（5）在 Server1 上配置并启动 FTP 服务器。

双击"Server1"图标，在弹出的设置窗口的"服务器信息"选项卡中选择左边栏中的"FtpServer"选项，单击"配置"区域中的文件根目录选择按钮，为 FTP 服务器设置文件根目录，然后单击"启动"按钮，启动 FTP 服务器，如图 3-22 所示。

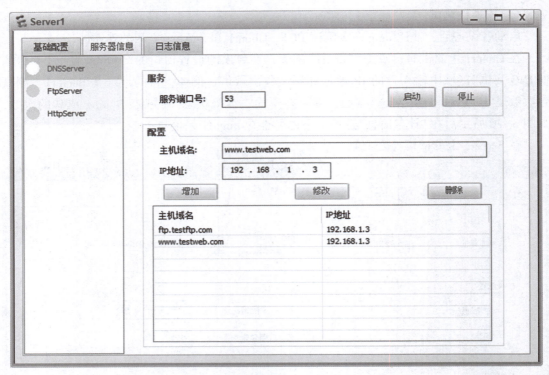

图 3-21　配置并启动 DNS 服务器

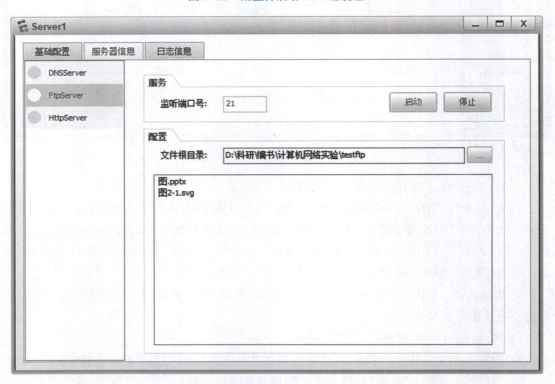

图 3-22　配置并启动 FTP 服务器

（6）在 Server1 上配置并启动 Web 服务器。

双击"Server1"图标，在弹出的设置窗口的"服务器信息"选项卡中选择左边栏中的"HttpServer"选项，单击"配置"区域中的文件根目录选择按钮 ▣，为 Web 服务器设置文件根目录，然后单击"启动"按钮，启动 Web 服务器，如图 3-23 所示。

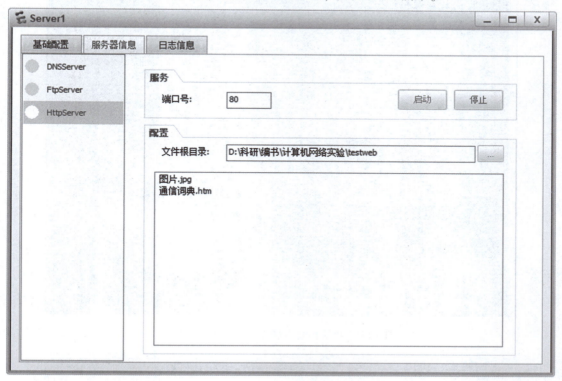

图 3-23 配置并启动 Web 服务器

（7）DNS 测试。

在 PC1 上 ping FTP 和 Web 服务器域名，查看是否得到 IP 地址的正确解析，结果如图 3-24 所示。从图 3-24 中可以看出，ftp.testftp.com 这个域名解析出的对应的 IP 地址是 192.168.1.3，www.testweb.com 这个域名解析出的对应的 IP 地址是 192.168.1.3。

（8）FTP 测试。

双击"Client1"图标，在弹出的设置窗口选择"客户端信息"选项卡中左边栏中的"FtpClient"选项，在"服务器地址"文本框中输入 FTP 服务器地址"192.168.1.3"，其他信息保持不变，然后单击"登录"按钮，FtpClient 将显示本地文件列表和服务器文件列表，如图 3-25 所示。

图 3-24 PC1 ping FTP 和 Web 服务器域名

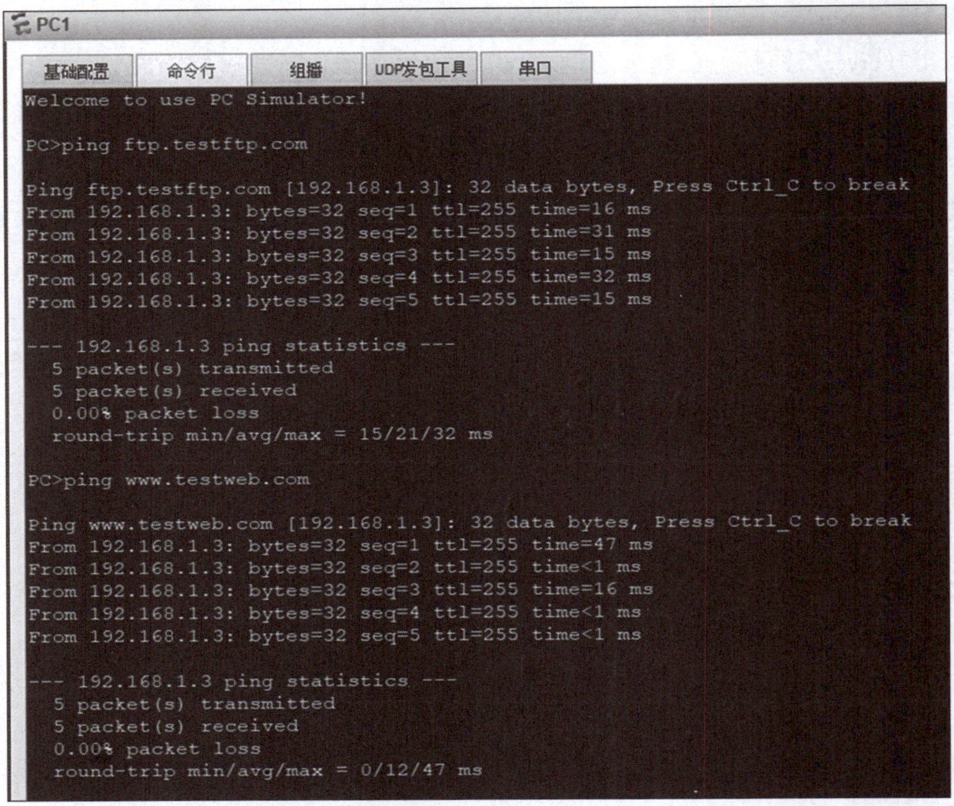

图 3-25 FtpClient 设置

在"客户端信息"选项卡中选择右边的"服务器文件列表"中的一个文件,单击"下载"按钮◁,即可将该文件下载到左边"本地文件列表"目录中,如图3-26所示,可单击"本地文件列表"的下拉按钮,在弹出的下拉列表框中选择目录路径。文件下载成功后,可在本机FTP服务器对应目录中查看下载的文件。

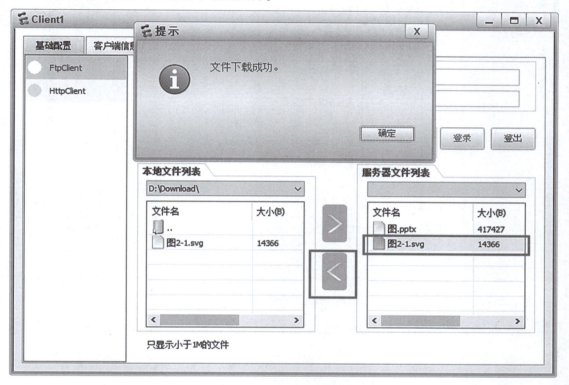

图 3-26 Client1 从 FTP 服务器下载文件

如果要从Client1上传文件到FTP服务器,则可单击"上传"按钮▷。文件上传成功后,可在本机FTP服务器对应目录中查看上传的文件。

可以在Client1和FTP服务器的"日志信息"选项卡中查看FTP的通信情况。

(9)Web访问测试。

双击"Client1"图标,在弹出的设置窗口的"客户端信息"选项卡的左边栏中选择"Http-Client"选项。访问Web服务器上的某个资源,就在"地址"文本框中输入该资源的URL,然后单击"获取"按钮,下方将显示该Web服务器返回的HTTP响应,如图3-27所示,可将获取的资源保存在本机上。

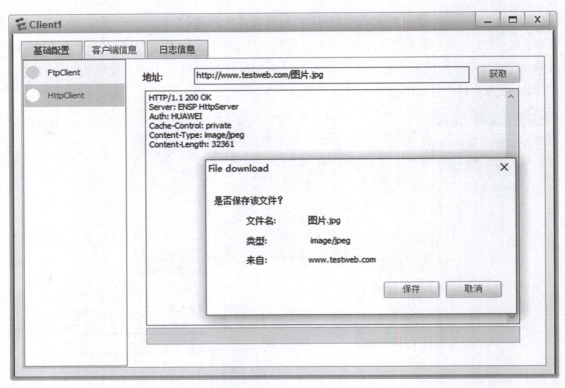

图 3-27　Web 访问测试

可以在 Client1 和 Web 服务器的"日志信息"选项卡中查看 HTTP 的通信情况。

项目 4

局域网接入互联网

任务 1　PPP 配置

点对点协议(Point to Point Protocol，PPP)为在点对点连接上传输多协议数据包提供了一个标准，是一种点对点的串行通信协议。这种串行链路提供全双工操作，并按照顺序传递数据包。

PPP 提供认证功能，有两种认证方式：密码认证协议(Password Authentication Protocol，PAP)认证方式和挑战握手认证协议(Challenge Handshake Authentication Protocol，CHAP)认证方式。PAP 认证方式的安全性没有 CHAP 认证方式高。PAP 认证方式在传输过程中传输的密码是明文的，而 CHAP 认证方式在传输过程中没有传输密码，而传输的是哈希值。

PAP 认证方式是通过"两次握手"实现的，过程如下。

(1)被鉴别方将用户名和口令以明文方式发送给鉴别方。

(2)鉴别方根据本地配置的合法用户列表，查看被鉴别方的用户名及口令是否匹配。如果匹配，则通过鉴别，发送鉴别确认帧；否则鉴别失败，发送鉴别否认帧。

CHAP 认证方式则是通过"三次握手"实现的，过程如下。

(1)鉴别方向被鉴别方发送一串随机数，称为"挑战"。

(2)被鉴别方用自己的用户密码对这串随机数进行 MD5 加密，并将用户名和生成的密文作为响应发送给鉴别方。

(3)鉴别方用本地配置的用户列表找到被鉴别方的密码，用其对之前产生的随机数进行 MD5 加密，并比较两个密文是否相同。若相同，则通过鉴别，并发送成功应答；否则鉴别失败，发送失败应答。

AAA 是 Authentication(认证)、Authorization(授权)和 Accounting(计费)的简称，是网络安全的一种管理机制，提供了认证(验证用户是否可以获得网络访问权)、授权(授权用户可以使用哪些服务)、计费(记录用户使用网络资源的情况)3 种安全功能。

> **任务要求**
>
>   **任务目的：**掌握无鉴别的 PPP 配置、基于 PAP 鉴别的 PPP 配置和基于 CHAP 鉴别的 PPP 配置方法。
>
>   **实验操作：**按照下面的实验步骤进行操作。
>
>   **习题：**
>
>   完成本节实验后，在路由器的串口上进行抓包，用 PC1 ping PC2 产生流量，查看 ping 数据包的数据链路层使用的是什么协议？

1. 实验需求

  某单位有总部 A 区和分部 B 区两个办公地点，通过路由器间的广域网串行线路进行互连，路由器采用 OSPF 路由协议，串行线路使用 PPP 实现通信。请分别采用无鉴别的 PPP 配置、基于 PAP 鉴别的 PPP 配置和基于 CHAP 鉴别的 PPP 配置来实现 A 区和 B 区主机之间的通信，采用单向认证，A 区为鉴别方，B 区为被鉴别方。

2. 实验步骤

  （1）创建网络拓扑并配置 IP 地址。

  打开 eNSP，创建图 4-1 所示的网络拓扑，路由器 RA 和 RB 将公司总部 A 区和分部 B 区连接起来。IP 地址和 RouterID 规划如表 4-1 所示。

  路由器选择 AR2220，该路由器默认没有串口（Serial），因此需要添加串口板卡。添加串口板卡的方法是，在网络拓扑中右击路由器图标，在弹出的快捷菜单中选择"设置"命令，在打开的窗口中选择"配置"选项卡，在左下方"eNSP 支持的接口卡"中选择"2SA"（2 接口–同异步 WAN 接口卡），将其拖入路由器的第一个扩展槽，如图 4-2 所示。

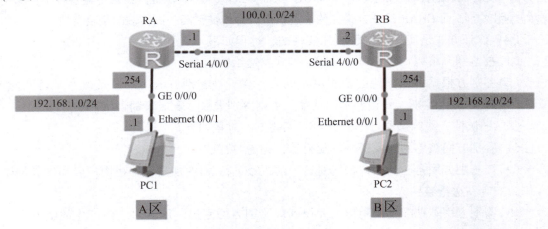

图 4-1   PPP 配置网络拓扑

表 4-1   IP 地址和 RouterID 规划

设备名称	接口	IP 地址	网关地址	RouterID
PC1	E0/0/1	192. 168. 1. 1/24	192. 168. 1. 254	—
PC2	E0/0/1	192. 168. 2. 1/24	192. 168. 2. 254	—

续表

设备名称	接口	IP 地址	网关地址	RouterID
RA	GE0/0/0	192.168.1.254/24	—	1.1.1.1
	S4/0/0	100.0.1.1/24	—	
RB	GE0/0/0	192.168.2.254/24	—	2.2.2.2
	S4/0/0	100.0.1.2/24	—	

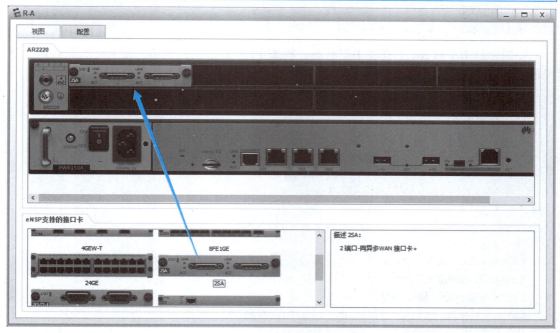

图 4-2 给路由器添加 2SA 接口卡

按照表 4-1 为 PC1 和 PC2 配置 IP 地址、子网掩码和网关地址。

（2）给路由器接口配置 IP 地址并配置 OSPF。

给路由器重命名，并为路由器 RA、RB 的接口配置 IP 地址和 OSPF 路由协议。路由器 RA 的配置如下：

```
[Huawei]sysname RA
[RA]int g0/0/0
[RA-GigabitEthernet0/0/0]ip add 192.168.1.254 24
[RA-GigabitEthernet0/0/0]int s4/0/0
[RA-Serial4/0/0]ip add 100.0.1.1 24
[RA-Serial4/0/0]quit
[RA]ospf 1 router-id 1.1.1.1
[RA-ospf-1]area 0
[RA-ospf-1-area-0.0.0.0]network 192.168.1.0 0.0.0.255
[RA-ospf-1-area-0.0.0.0]network 100.0.1.0 0.0.0.255
```

请读者自行对路由器 RB 做类似配置。

（3）配置无鉴别的 PPP 并查看测试。

华为路由器串行接口默认是封装了 PPP 的，因此即使不做这一步的配置操作，在路由器 RA 和 RB 的串口 S4/0/0 上也是默认配置了无鉴别的 PPP。此处为了学习配置命令，还是进行无鉴别的 PPP 的配置操作，命令如下：

```
[RA]int s4/0/0
[RA-Serial4/0/0]link-protocol ppp        //串口 S4/0/0 的串行链路采用 PPP

[RB]int s4/0/0
[RB-Serial4/0/0]link-protocol ppp
```

在路由器 RA 和 RB 上查看串口状态，检查 PPP 是否配置成功。在 RA 上查看到的情况如下：

```
[RA-Serial4/0/0]display this
[V200R003C00]
#
interface Serial4/0/0
  link-protocol ppp
  ip address 100. 0. 1. 1 255. 255. 255. 0
#
return

<RA>display interface s4/0/0
Serial4/0/0 current state:UP
Line protocol current state:UP
Last line protocol up time:2024-02-05 17:18:37 UTC-08:00
Description:HUAWEI,AR Series,Serial4/0/0 Interface
Route Port,The Maximum Transmit Unit is 1500,Hold timer is 10(sec)
Internet Address is 100. 0. 1. 1/24
Link layer protocol is PPP
LCP opened,IPCP opened
Last physical up time:2024-02-05 16:52:55 UTC-08:00
Last physical down time:2024-02-05 16:52:43 UTC-08:00
Current system time:2024-02-05 17:22:13-08:00
Physical layer is synchronous,Virtualbaudrate is 64000 bps
Interface is DTE,Cable type is V11,Clock mode is TC
Last 300 seconds input rate 14 bytes/sec 112 bits/sec 0 packets/sec
Last 300 seconds output rate 10 bytes/sec 80 bits/sec 0 packets/sec

Input:398 packets,14266 bytes
  Broadcast:            0,  Multicast:        0
  Errors:              0,  Runts:           0
  Giants:              0,  CRC:             0
  Alignments:           0,  Overruns:         0
```

| Dribbles: | 0, | Aborts: | 0 |
| No Buffers: | 0, | Frame Error: | 0 |

Output:406 packets,6916 bytes

| Total Error: | 0, | Overruns: | 0 |
| Collisions: | 0, | Deferred: | 0 |

Input bandwidth utilization: 0%

Output bandwidth utilization: 0%

可以看到，配置状态正常。

使用 ping 命令测试 PC1 与 PC2 之间的连通性，结果是能够连通。

(4)配置基于 PAP 鉴别的 PPP 并查看测试。

采用单向鉴别方式，配置路由器 RA 作为鉴别方，路由器 RB 作为被鉴别方。

鉴别方 RA 的配置如下：

```
[RA]int s4/0/0
[RA-Serial4/0/0]ppp authentication-mode pap        //配置为基于 PAP 鉴别的 PPP
[RA-Serial4/0/0]quit
[RA]aaa                                              //配置为鉴别方,配置 AAA
[RA-aaa]local-user abc-pap password cipher 123456
//配置被鉴别方使用的用户名和密码,用户名是 abc-pap(自定义),密码是密文 123456(自定义)
[RA-aaa]local-user abc-pap service-type ppp         //设置 abc-pap 这个用户的业务类型为 PPP
[RA-aaa]display local-user                          //查看是否配置上 abc-pap 这个用户
----------------------------------------------------------------------------
User-name          State      AuthMask      AdminLevel
----------------------------------------------------------------------------
admin              A          H             -
abc-pap            A          P             -
----------------------------------------------------------------------------
Total 2 user(s)
//第二个用户就是配置的用户,State(状态)为 A,表示 Active;AuthMask(接入类型)为 P,表示 PPP
[RA-aaa]quit
[RA]int s4/0/0
[RA-Serial4/0/0]shutdown                            //将串口关闭、重启,使链路重新协商
[RA-Serial4/0/0]undo shutdown
```

被鉴别方 RB 的配置如下：

```
[RB]int s4/0/0
[RB-Serial4/0/0]ppp pap local-user abc-pap password cipher 123456
//配置基于 PAP 鉴别的 PPP,被对端鉴别时本端应发送的用户名为 abc-pap,密码为密文 123456(被鉴
别方的用户名、密码必须与鉴别方配置的一致)
[RB-Serial4/0/0]shutdown        //将串口关闭、重启,使链路重新协商
[RB-Serial4/0/0]undo shutdown
```

在路由器 RA 和 RB 的串口上查看配置情况：

```
[RA-Serial4/0/0]display this
[V200R003C00]
#
interface Serial4/0/0
  link-protocol ppp
  ppp authentication-modepap
  ip address 100. 0. 1. 1 255. 255. 255. 0
#
Return

[RB-Serial4/0/0]display this
[V200R003C00]
#
interface Serial4/0/0
  link-protocol ppp
  ppp pap local-user abc-pap password cipher % $ % $ 6:`=BQoU[&3xBP/>:)v>,5I,% $ % $
  ip address 100. 0. 1. 2 255. 255. 255. 0
#
return
```

使用 ping 命令测试 PC1 与 PC2 之间的连通性，结果是能够连通。

（5）配置基于 CHAP 鉴别的 PPP 并查看测试。

采用单向鉴别方式，配置路由器 RA 作为鉴别方，路由器 RB 作为被鉴别方。

鉴别方 RA 的配置如下：

```
[RA]int s4/0/0
[RA-Serial4/0/0]ppp authentication-mode chap    //配置为基于 CHAP 鉴别的 PPP
[RA-Serial4/0/0]quit
[RA]aaa                                         //配置为鉴别方,配置 AAA
[RA-aaa]local-user abc-chap password cipher 654321
//配置被鉴别方使用的用户名和密码,用户名是 abc-chap(自定义),密码是密文 654321(自定义)
[RA-aaa]local-user abc-chap service-type ppp    //设置 abc-chap 这个用户的业务类型为 PPP
[RA-aaa]display local-user                      //查看是否配置上 abc-chap 这个用户
--------------------------------------------------------------------------------
  User-name        State    AuthMask    AdminLevel
--------------------------------------------------------------------------------
  admin            A        H           -
  abc-pap          A        P           -
  abc-chap         A        P           -
--------------------------------------------------------------------------------
  Total 3 user(s)
[RA-aaa]quit
[RA]int s4/0/0
[RA-Serial4/0/0]shutdown
[RA-Serial4/0/0]undo shutdown
```

被鉴别方 RB 的配置如下：

```
[RB]int s4/0/0
[RB-Serial4/0/0]ppp chap user abc-chap
[RB-Serial4/0/0]ppp chap password cipher 654321
//配置基于 CHAP 鉴别的 PPP,被对端鉴别时本端应发送的用户名为 abc-chap,密码为密文 654321
[RB-Serial4/0/0]shutdown
[RB-Serial4/0/0]undo shutdown
```

在路由器 RA 和 RB 的串口上查看配置情况：

```
[RA-Serial4/0/0]display this
[V200R003C00]
#
interface Serial4/0/0
  link-protocol ppp
  ppp authentication-modechap
  ip address 100. 0. 1. 1 255. 255. 255. 0
#
Return

[RB-Serial4/0/0]display this
[V200R003C00]
#
interface Serial4/0/0
  link-protocol ppp
  ppp chap user abc-chap
  ppp chap password cipher % $ % $ qd15:,^M];HFd#D1YW\G,5d@% $ % $
  ppp pap local-user abc-pap password cipher % $ % $ 6:`=BQoU[&3xBP/>:}v>,5I,% $ % $
  ip address 100. 0. 1. 2 255. 255. 255. 0
#
return
```

注意：在配置时，被鉴别方的用户名、密码必须与鉴别方配置的一致。

使用 ping 命令测试 PC1 与 PC2 之间的连通性，结果为能够连通。

任务2 网络地址转换配置

由于全球 IP 地址紧缺，局域网内部大多使用的是专用地址（内部网络地址/私部网络地址）。内部网络地址的网段有 10. 0. 0. 0～10. 255. 255. 255、172. 16. 0. 0～172. 31. 255. 255、192. 168. 0. 0～192. 168. 255. 255。互联网上的路由器对于目的地址为专用地址的 IP 数据报一律不进行转发，因此局域网连通互联网需要采用网络地址转换（Network Address Translation，NAT）技术。

NAT 主要用来解决专用地址和全球地址转换的问题，局域网内部的通信只需要专用地址即可，当访问外部互联网时，专用地址可以转换为一个全球地址（有时也称公网地址）去访问，这种方法需要在局域网连接到互联网的路由器上安装 NAT 软件。装有 NAT 软件的路由器称为 NAT 路由器，它至少有一个有效的外部 IP 地址。

NAT 包括以下 3 种类型。

（1）静态 NAT：将内部网络（简称内网）中的每个主机地址永久映射成外网中的某个合法地址，是一对一固定对应。如果内部网络有对外提供服务的需求，如 WWW 服务器、FTP 服务器等，那么这些服务器的 IP 地址应该采用静态 NAT，以便外部用户使用这些服务。静态 NAT 不能节省公网 IP 地址。

（2）动态 NAT：将内网 IP 地址转换为外网 IP 地址时，外网 IP 地址是不确定的，是从某个地址池中随机选取的，内网 IP 地址与外网 IP 地址之间不是一对一固定对应的。

（3）接口地址转换：将运输层协议的接口号与 IP 地址一起进行转换，实现内部网络的多个进程（可能分布在不同主机或同一主机上）可共享同一个外网 IP 地址，实现对外部网络的访问，从而最大限度地节约 IP 地址资源。这也是一种动态的地址转换，适用于只申请到少量 IP 地址的情况。

4.2.1 静态 NAT 配置

任务要求

任务目的：掌握静态 NAT 配置和查看方法。

实验操作：按照下面的实验步骤进行操作。

习题：

完成本小节实验步骤 2 的步骤（5）后，在 R1 的 GE0/0/0 和 GE0/0/2 接口开启抓包功能，用 PC1 ping PC2 产生数据流量，观察 ICMP 报文的源 IP 地址和目的 IP 地址有什么变化？

1. 实验需求

某单位需要实现访问外部互联网，采用路由器与网络业务提供商（Internet Service Provider，ISP）的路由器相连，并从 ISP 处获得全球 IP 地址 12.1.1.3、12.1.1.4。请给内网设备配置静态 NAT，将私网 IP 地址一对一固定映射到公网 IP 地址，从而实现对外网的访问。

2. 实验步骤

（1）创建网络拓扑并配置 IP 地址。

打开 eNSP，创建图 4-3 所示的网络拓扑，路由器采用 AR2220，交换机采用 S3700，路由器 R1 和 ISP 的路由器 R2 相连。IP 地址规划如表 4-2 所示。

按表 4-2 完成各 PC 和各 Server 的 IP 地址、子网掩码和网关地址的配置。

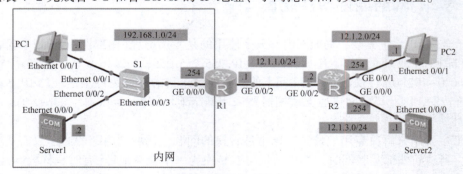

图 4-3 NAT 网络拓扑

表 4-2　IP 地址规划

设备名称	接口	IP 地址	网关地址	静态 NAT 公网映射地址
PC1	E0/0/1	192. 168. 1. 1/24	192. 168. 1. 254	12. 1. 1. 3/24
Server1	E0/0/0	192. 168. 1. 2/24	192. 168. 1. 254	12. 1. 1. 4/24
PC2	E0/0/1	12. 1. 2. 1/24	12. 1. 2. 254	—
Server2	E0/0/0	12. 1. 3. 1/24	12. 1. 3. 254	—
R1	GE0/0/0	192. 168. 1. 254/24	—	—
	GE0/0/2	12. 1. 1. 1/24	—	—
R2	GE0/0/0	12. 1. 3. 254/24	—	—
	GE0/0/1	12. 1. 2. 254/24	—	—
	GE0/0/2	12. 1. 1. 2/24	—	—

（2）配置路由器接口的 IP 地址和路由。

给路由器 R1 和 R2 的接口配置 IP 地址，并配置默认路由实现互通。路由器 R1 的配置如下：

```
[R1]int g0/0/0
[R1-GigabitEthernet0/0/0]ip add 192. 168. 1. 254 24
[R1-GigabitEthernet0/0/0]int g0/0/2
[R1-GigabitEthernet0/0/2]ip add 12. 1. 1. 1 24
[R1]ip route-static 0. 0. 0. 0 0. 0. 0. 0 12. 1. 1. 2        //配置默认路由指向 R2
```

请读者自行在路由器 R2 上做类似配置。

（3）在路由器上配置静态 NAT。

在路由器 R1 的对外接口 GE0/0/2 上配置静态 NAT，将内网地址一对一固定映射到公网地址，命令如下：

```
[R1]int g0/0/2
[R1-GigabitEthernet0/0/2]nat static global 12. 1. 1. 3 inside 192. 168. 1. 1
//在 GE0/0/2 接口上配置静态 NAT,将内网地址 192. 168. 1. 1 映射到公网地址 12. 1. 1. 3
[R1-GigabitEthernet0/0/2]nat static global 12. 1. 1. 4 inside 192. 168. 1. 2
//在 GE0/0/2 接口上配置静态 NAT,将内网地址 192. 168. 1. 2 映射到公网地址 12. 1. 1. 4
[R1-GigabitEthernet0/0/2]quit
```

（4）查看和测试。

在路由器 R1 上查看静态 NAT 的配置信息，命令如下：

```
[R1]display nat static
  Static Nat Information:
  Interface:GigabitEthernet0/0/2
    Global IP/Port:12. 1. 1. 3/----
    Inside IP/Port:192. 168. 1. 1/----
    Protocol:----
    VPN instance-name:----
```

```
       Acl number:----
       Netmask:255.255.255.255
       Description:----

       Global IP/Port:12.1.1.4/----
       Inside IP/Port:192.168.1.2/----
       Protocol:----
       VPN instance-name:----
       Acl number:----
       Netmask:255.255.255.255
       Description:----


   Total:2
```

可以看出，静态 NAT 一对一映射已经配置上。

采用 ping 命令测试内网设备和外网设备之间的连通性，结果为能够互通。

（5）通信分析。

在 R1 的 GE0/0/0 和 GE0/0/2 接口开启抓包功能，用 PC1 ping PC2 产生数据流量，观察 ICMP 报文的源 IP 地址和目的 IP 地址，并完成习题。

4.2.2 动态 NAT 配置

任务要求

任务目的：掌握动态 NAT 配置和查看方法。

实验操作：按照下面的实验步骤进行操作。

习题：

完成本小节实验步骤 2 的步骤（4）后，在 R1 的 GE0/0/0 和 GE0/0/2 接口开启抓包功能，用 PC1 ping PC2 产生数据流量，观察 ICMP 报文的源 IP 地址和目的 IP 地址有什么变化？

1. 实验需求

某单位需要实现访问外部互联网，采用路由器与 ISP 的路由器相连，并从 ISP 处获得全球 IP 地址 12.1.1.3、12.1.1.4。4.2.1 小节通过配置静态 NAT，将私网 IP 地址一对一固定映射到公网 IP 地址，从而实现对外网的访问。但是，由于静态 NAT 严格地一对一进行地址映射，这就导致即使内网主机长时间离线或不发送数据，与之对应的公有地址也处于占用状态。为了避免地址浪费，决定配置动态 NAT。将所有可用的公有地址组成地址池，当内网主机访问外部网络时，临时分配一个地址池中未使用的地址。

2. 实验步骤

（1）创建网络拓扑和其他设置。

本小节实验仍然使用图 4-3 所示的网络拓扑。内网 IP 地址不做静态 NAT，因此将表

4-2 中的静态 NAT 地址映射对应删除了，其他内容不变。IP 地址规划如表 4-3 所示。

表 4-3　IP 地址规划

设备名称	接口	IP 地址	网关地址
PC1	E0/0/1	192.168.1.1/24	192.168.1.254
Server1	E0/0/0	192.168.1.2/24	192.168.1.254
PC2	E0/0/1	12.1.2.1/24	12.1.2.254
Server2	E0/0/0	12.1.3.1/24	12.1.3.254
R1	GE0/0/0	192.168.1.254/24	—
	GE0/0/2	12.1.1.1/24	—
R2	GE0/0/0	12.1.3.254/24	—
	GE0/0/1	12.1.2.254/24	—
	GE0/0/2	12.1.1.2/24	—

　　如果不是在 4.2.1 小节基础上继续本小节实验，请按表 4-3 完成各 PC 和各 Server 的 IP 地址、子网掩码和网关地址的配置，并完成 4.2.1 小节实验步骤 2 中步骤（2）的路由器接口 IP 地址和路由的配置。

　　如果是在 4.2.1 小节基础上继续本小节实验，则需要先删除路由器 R1 上的静态 NAT 配置，命令如下：

```
[R1]int g0/0/2
[R1-GigabitEthernet0/0/2]undo nat static global 12.1.1.3 inside 192.168.1.1
[R1-GigabitEthernet0/0/2]undo nat static global 12.1.1.4 inside 192.168.1.2
[R1-GigabitEthernet0/0/2]quit
```

　　（2）在路由器上配置动态 NAT。

　　在路由器 R1 上配置动态 NAT，将内网主机的私有地址动态映射到公有地址。首先建立 NAT 地址池，然后配置访问控制列表（ACL），允许特定地址进行 NAT 地址转换，最后使用 nat outbound 命令将 ACL 和地址池关联起来，命令如下：

```
[R1]nat address-group 1 12.1.1.3 12.1.1.4
//创建 NAT 地址池,地址池的索引号为 1,地址池里的地址从 12.1.1.3 到 12.1.1.4
[R1]acl 2000    //创建 ACL 编号为 2000
[R1-acl-basic-2000]rule 5 permit source 192.168.1.0 0.0.0.255
//在 acl 2000 里创建编号为 5 的规则,允许源地址 192.168.1.0/24 进行操作,即下面命令里的 NAT 地址转换
[R1-acl-basic-2000]quit
[R1]int g0/0/2
[R1-GigabitEthernet0/0/2]nat outbound 2000 address-group 1 no-pat
//在 G0/0/2 接口上配置"出"方向的地址转换,把 acl 2000 匹配的源地址(192.168.1.0/24)允许转换为 address-group 1 定义的公网地址(12.1.1.3 到 12.1.1.4),no-pat 表示不做接口转换
```

　　注意：ACL 里的子网掩码要写成反掩码。

在 R1 上查看动态 nat outbound 地址转换配置信息，命令如下：

```
[R1]display nat outbound
NAT Outbound Information:
----------------------------------------------------------------------------------
Interface              Acl         Address-group/IP/Interface        Type
----------------------------------------------------------------------------------
GigabitEthernet0/0/2   2000        1                                 no-pat
----------------------------------------------------------------------------------
 Total:1
```

可以看到，Type 显示为 no-pat，即不做接口地址转换的动态 NAT。

（3）测试与查看。

使用 ping 命令测试内网设备和外网设备之间的连通性，结果为能够连通。

在路由器 R1 上查看 NAT 地址转换表信息。例如，用 PC1 ping PC2，然后在 R1 上使用 display nat session all 命令查看 NAT 地址转换表信息：

```
[R1]display nat session all
  NAT Session Table Information:

     Protocol:ICMP(1)
     SrcAddr Vpn:192.168.1.1
     DestAddr Vpn:12.1.2.1
     Type Code IcmpId:0    8    61996
     NAT-Info
       New SrcAddr:12.1.1.3
       New DestAddr:----
       New IcmpId:----


     Protocol:ICMP(1)
     SrcAddr Vpn:192.168.1.1
     DestAddr Vpn:12.1.2.1
     Type Code IcmpId:0    8    61997
     NAT-Info
       New SrcAddr:12.1.1.4
       New DestAddr:----
       New IcmpId:----


  Total:2
```

可以看出，私网的源 IP 地址 192.168.1.1 使用动态 NAT 没有固定转换为某个公网 IP 地址。

（4）通信分析。

在 R1 的 GE0/0/0 和 GE0/0/2 接口开启抓包功能，用 PC1 ping PC2 产生数据流量，观察 ICMP 报文的源 IP 地址和目的 IP 地址，并完成习题。

4.2.3 网络端口地址转换配置

网络地址和端口翻译(Network Address and Port Translation，NAFT)即从 NAT 地址池中选择地址进行地址转换时不仅会转换 IP 地址，也会对接口号进行转换，从而实现公有地址与私有地址的 1∶N 映射，即一个公网 IP 地址可以用于多个私网终端的地址转换，可以有效提高公网地址的利用率。

另外还有一种 Easy IP，它是一种特殊的 NAPT。Easy IP 没有地址池的概念，它使用路由器的公网接口地址作为转换的公有地址。Easy IP 适用于不具备固定公网 IP 地址的场景，如通过 DHCP、PPPoE 拨号获取地址的私有网络出口，可以直接使用获取到的动态地址进行转换。

上面两种都是动态的地址转换，有时候需要静态的地址转换，如 NAT Server。NAT Server 主要用于隐藏内部服务器，保障网络安全，可以将内网服务器 IP 地址的指定接口映射到公网 IP 地址的指定接口，外部互联网用户只需访问这个公网 IP 地址的指定接口，就可以自动跳转访问内网的这个服务器地址的指定接口。

任务要求

任务目的：掌握 NAPT、Easy IP、NAT Server 等地址转换的配置和查看方法。
实验操作：按照下面的实验步骤进行操作。
习题：
通过完成任务 2 的多个实验，你认为网络地址转换是单向转换还是双向转换？

---

1. 实验需求

某单位需要实现访问外部互联网，采用路由器与 ISP 的路由器相连，并从 ISP 处获得全球 IP 地址 12.1.1.3、12.1.1.4。4.2.2 小节通过配置动态 NAT，将私网 IP 地址动态映射到公网 IP 地址，从而实现对外网的访问。但是，由于内网中越来越多的主机需要访问公网，而公网地址紧缺，所以，为了进一步提高公网地址的利用率，决定配置 NAPT。

NAPT 配置完成后过了一段时间，该单位希望将 12.1.1.3、12.1.1.4 这两个公网 IP 地址留作他用，需要修改配置为 Easy IP，使用该单位的出口路由器的公网接口地址(12.1.1.1)作为地址转换的公有地址。

同时，该单位内网中有一个 Web 服务器，为了保障网络安全，希望在外网客户端访问该服务器时，隐藏服务器的内网地址。因此，需要在出口路由器上配置 NAT Server，将内网的 Web 服务器 IP 地址 192.168.1.2 的 80 接口映射到公网 IP 地址 12.1.1.4 的 80 接口。外部互联网用户只需访问 12.1.1.4 的 80 接口，就可以自动跳转访问 192.168.1.2 的80 接口。

2. 实验步骤

(1)创建网络拓扑和其他设置。

本小节实验仍然使用图 4-3 所示的网络拓扑，IP 地址规划表仍然使用表 4-3。

如果不是在 4.2.2 小节基础上继续本小节实验，请按表 4-3 完成各 PC 和各 Server 的 IP 地址、子网掩码和网关地址的配置，并完成 4.2.1 小节实验步骤 2 中步骤(2)的路由器接口 IP 地址和路由的配置。

如果是在 4.2.2 小节基础上继续本小节实验，则需要先删除路由器 R1 上的动态 NAT 配置，并且为了后续实验步骤描述得更完整，这里也删除 4.2.2 小节中配置的访问控制列表 acl 2000 和 NAT 地址池 nat address-group 1，命令如下：

```
[R1]int g0/0/2
[R1-GigabitEthernet0/0/2]undo nat outbound 2000 address-group 1 no-pat
[R1-GigabitEthernet0/0/2]quit
[R1]undo acl 2000
[R1]undo nat address-group 1
```

（2）在路由器上配置 NAPT 并测试、查看。

1）在路由器 R1 上配置 NAPT。首先需要建立 NAT 地址池，然后配置 ACL，允许特定地址进行 NAT 地址转换，最后使用 nat outbound 命令将 ACL 和地址池关联起来，命令如下：

```
[R1]nat address-group 1 12.1.1.3 12.1.1.4
[R1]acl 2000
[R1-acl-basic-2000]rule 5 permit source 192.168.1.0 0.0.0.255
[R1-acl-basic-2000]quit
[R1]int g0/0/2
[R1-GigabitEthernet0/0/2]nat outbound 2000 address-group 1
//把 acl 2000 匹配的源地址转换为 address-group 1 定义的公网地址,没有关键字 no-pat,表示要做接口转换
[R1-GigabitEthernet 0/0/2]quit
```

2）在路由器 R1 上查看 nat outbound 地址转换配置信息，命令如下：

```
[R1]display nat outbound
NAT Outbound Information:
----------------------------------------------------------------------
Interface              Acl       Address-group/IP/Interface      Type
----------------------------------------------------------------------
GigabitEthernet0/0/2   2000      1                               pat
----------------------------------------------------------------------
  Total:1
```

可以看到，Type 显示为 pat，即接口地址转换。

3）使用 ping 命令测试内网设备和外网设备之间的连通性，结果为能够连通。

4）在路由器 R1 上查看 NAT 地址转换表信息（例如用 PC1 ping PC2），然后在 R1 上使用 display nat session all 命令查看 NAT 地址转换表信息：

```
[R1]display nat session all
  NAT Session Table Information:

    Protocol:ICMP(1)
    SrcAddr Vpn:192.168.1.1
    DestAddr Vpn:12.1.2.1
    Type Code IcmpId:0   8   10313
    NAT-Info
```

New SrcAddr:12. 1. 1. 3
　　　　New DestAddr:----
　　　　New IcmpId:10240

　　Protocol:ICMP(1)
　　SrcAddr Vpn:192. 168. 1. 1
　　DestAddr Vpn:12. 1. 2. 1
　　Type Code IcmpId:0　8　10315
　　NAT-Info
　　　　New SrcAddr:12. 1. 1. 3
　　　　New DestAddr:----
　　　　New IcmpId:10241

　　Protocol:ICMP(1)
　　SrcAddr Vpn:192. 168. 1. 1
　　DestAddr Vpn:12. 1. 2. 1
　　Type Code IcmpId:0　8　10317
　　NAT-Info
　　　　New SrcAddr:12. 1. 1. 3
　　　　New DestAddr:----
　　　　New IcmpId:10242

　　Protocol:ICMP(1)
　　SrcAddr Vpn:192. 168. 1. 1
　　DestAddr Vpn:12. 1. 2. 1
　　Type Code IcmpId:0　8　10319
　　NAT-Info
　　　　New SrcAddr:12. 1. 1. 3
　　　　New DestAddr　　　:----
　　　　New IcmpId:10243

　　Protocol:ICMP(1)
　　SrcAddr Vpn:192. 168. 1. 1
　　DestAddr Vpn:12. 1. 2. 1
　　Type Code IcmpId:0　8　10320
　　NAT-Info
　　　　New SrcAddr:12. 1. 1. 3
　　　　New DestAddr:----
　　　　New IcmpId:10244

　Total:5

　　可以看出，采用 NAPT 方式，对于 ICMP 报文来说，除转换 IP 地址以外，还转换 ICMP 报文的 Identifier 字段（IcmpId）的值，这与转换 TCP 或 UDP 中的接口号的道理完全相同，是为了实现多个内网主机共享同一公网地址。

（3）在路由器上配置 Easy IP 并测试、查看。

1）把步骤（2）中在 R1 上配置的 NAPT 删除，即把 nat outbound 规则删除，命令如下：

```
[R1]int g 0/0/2
[R1-GigabitEthernet 0/0/2]undo nat outbound 2000 address-group 1
```

2）在 R1 上配置 Easy IP 的 nat outbound 规则。由于 Easy IP 是基于 R1 的外网接口地址进行的接口地址转换，所以不需要使用之前建立的 NAT 地址池 nat address-group 1，而是直接在 R1 的外网接口上建立 nat outbound 即可，命令如下：

```
[R1-GigabitEthernet0/0/2]nat outbound 2000      //在 GE0/0/2 接口上配置 Easy IP,让 acl 2000 允许的内
网网段(192.168.1.0/24)地址转换为 R1 的 GE 0/0/2 接口 IP 地址,并做接口地址转换
[R1-GigabitEthernet 0/0/2]quit
```

3）在路由器 R1 上查看 nat outbound 地址转换配置信息，命令如下：

```
[R1]display nat outbound
NAT Outbound Information:
-------------------------------------------------------------------------------------
Interface           Acl        Address-group/IP/Interface        Type
-------------------------------------------------------------------------------------
GigabitEthernet0/0/2  2000       12.1.1.1                         easyip
-------------------------------------------------------------------------------------
   Total:1
```

可以看到，Type 显示为 easyip，表示已经配置上。

4）使用 ping 命令测试内网设备和外网设备之间的连通性，结果为能够连通。

5）在路由器 R1 上查看 NAT 地址转换表信息（例如用 PC1 ping PC2），然后在 R1 上使用 display nat session all 命令查看 NAT 地址转换表信息：

```
[R1]display nat session all
   NAT Session Table Information:

   Protocol:ICMP(1)
   SrcAddr Vpn:192.168.1.1
   DestAddr Vpn:12.1.2.1
   Type Code IcmpId:0   8   13248
   NAT-Info
     New SrcAddr:12.1.1.1
     New DestAddr:----
     New IcmpId:10249

   Protocol:ICMP(1)
   SrcAddr Vpn:192.168.1.1
   DestAddr Vpn:12.1.2.1
   Type Code IcmpId:0   8   13247
```

```
NAT-Info
    New SrcAddr:12. 1. 1. 1
    New DestAddr:----
    New IcmpId:10248


Protocol:ICMP(1)
SrcAddr Vpn:192. 168. 1. 1
DestAddr Vpn:12. 1. 2. 1
Type Code IcmpId:0    8    13246
NAT-Info
    New SrcAddr:12. 1. 1. 1
    New DestAddr:----
    New IcmpId:10247


Protocol:ICMP(1)
SrcAddr Vpn:192. 168. 1. 1
DestAddr Vpn:12. 1. 2. 1
Type Code IcmpId:0    8    13245
NAT-Info
    New SrcAddr:12. 1. 1. 1
    New DestAddr:----
    New IcmpId:10246


Protocol:ICMP(1)
SrcAddr Vpn:192. 168. 1. 1
DestAddr Vpn:12. 1. 2. 1
Type Code IcmpId:0    8    13244
NAT-Info
    New SrcAddr:12. 1. 1. 1
    New DestAddr:----
    New IcmpId:10245


Total:5
```

可以看出，采用 NAPT 方式，对于 ICMP 报文来说，内网源 IP 地址除转换为 R1 的外网接口 GE0/0/2 的地址 12. 1. 1. 1 外，还转换 ICMP 报文的 Identifier 字段（IcmpId）的值，这与转换 TCP 或 UDP 中的接口号的道理完全相同，是为了实现多个内网主机共享同一公网地址。

（4）在路由器上配置 NAT Server 并测试、查看。

1）在路由器 R1 上配置 NAT Server，将内网的 Web 服务器 IP 地址 192. 168. 1. 2 的 80 接口映射到公网地址 12. 1. 1. 4 的 80 接口上，命令如下：

```
[R1]int g0/0/2
[R1-GigabitEthernet0/0/2]nat server protocol tcp global 12. 1. 1. 4 80 inside 192. 168. 1. 2 80
//配置 nat server,协议为 tcp,192. 168. 1. 2 的 80 接口映射到公网地址 12. 1. 1. 4 的 80 接口上
```

2）在路由器 R1 上查看 nat server 地址转换配置信息，命令如下：

```
<R1>display nat server

    Nat Server Information:
    Interface:GigabitEthernet0/0/2
       Global  IP/Port:12. 1. 1. 4/80(www)
       Inside  IP/Port:192. 168. 1. 2/80(www)
       Protocol:6(tcp)
       VPN  instance-name:----
       Acl  number:----
       Description:----

    Total:1
```

可以看到，NAT Server 已经配置上了。

项目 5

网络安全

任务 1 　ACL 配置

任务要求

　　任务目的：掌握基本 ACL 和高级 ACL 的配置和查看方法。

　　实验操作：按照下面的实验步骤进行操作。

　　习题：

　　在本实验的网络中，如果需要设定除销售部可以访问总经理计算机 PC2 外，其他所有设备都不能访问 PC2，请采用高级 ACL 写出配置命令。

1. ACL 简介

　　ACL 是由一系列规则组成的集合，通过这些规则对数据包进行分类，从而使设备可以对不同类别的报文进行不同的处理。网络管理员根据具体网络安全要求设定相应的数据包匹配规则。

　　ACL 的规则匹配方式为：当报文到达设备时，查找引擎从报文中取出信息组成查找键值，查找键值与 ACL 中的规则进行匹配，只要有一条规则和报文匹配，就停止查找。如果找到匹配的规则，则称为命中规则；如果没有符合条件的规则，则称为未命中规则。ACL 的规则分为"permit"（允许）规则、"deny"（拒绝）规则和未命中规则。

　　根据规则定义方式的不同，ACL 主要分为基本 ACL 和高级 ACL，具体规则如表 5-1 所示。

表 5-1　ACL 的规则

分类	编号范围	规则定义
基本 ACL	2000~2999	使用报文的源 IP 地址和时间段信息来定义规则
高级 ACL	3000~3999	除基本 ACL 的应用场景外，还支持基于目的 IP 地址、IP 优先级、报文类型、源接口号、目的接口号等来定义规则

一张 ACL 中可以有多条规则，每条规则都有一个编号，该编号称为规则编号。默认情况下，规则编号从小到大排列，步长为 5，即规则编号依次按照 5、10、15……进行分配。分组匹配时，也是按照规则编号的大小从小到大进行匹配。步长反映了 ACL 中相邻规则编号之间的默认间隔，设置间隔是为了方便在规则间插入新的规则。当然，规则编号也可以自定义进行设置。

ACL 的相关命令详见附录 2。

由于 ACL 的规则组合较多且较为灵活，特别是高级 ACL，所以本任务只是对较为简单的 ACL 应用场景配置进行举例，更多的配置规则命令格式说明读者可以参考附录 2 自行学习。

2. 实验需求

A 公司和 B 公司处于不同网段，通过路由器相连。A 公司有销售部、行政办公部和财务服务器，分别处于不同子网，行政办公部里有一台总经理计算机。A 公司考虑到网络安全问题，有如下访问控制需求。

(1)B 公司不能访问 A 公司的网络。

(2)A 公司中只有销售部网络和总经理计算机可以访问 B 公司的网络。

(3)只有 A 公司的总经理计算机可以访问财务服务器。

请进行 ACL 配置，以实现上述访问控制需求。

3. 实验步骤

(1)创建网络拓扑并配置 IP 地址。

打开 eNSP，创建图 5-1 所示的网络拓扑，路由器采用 AR2220，交换机采用 S3700。由于路由器 AR2220 默认只有 3 个 GE 接口，所以需要增加一个接口卡，在网络拓扑中右击"R1"图标，在弹出的快捷菜单中选择"设置"命令，在打开的窗口中选择"配置"选项卡里的"1GEC"接口卡，将其拖入第一个扩展槽，如图 5-2 所示，即可为 R1 增加一个 GE 接口卡。

IP 地址规划如表 5-2 所示，A 公司各部门网段和 B 公司的网段如网络拓扑中标注。

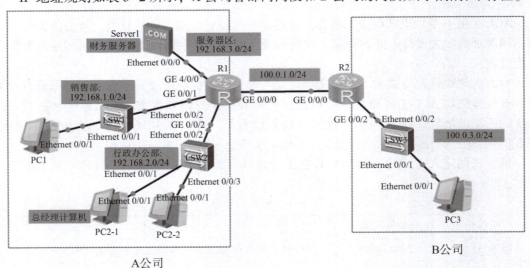

图 5-1　ACL 网络拓扑

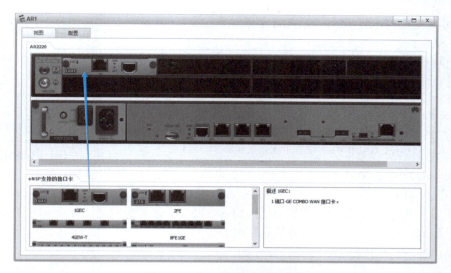

图 5-2 为 R1 增加 GE 接口卡

表 5-2 IP 地址规划

设备名称	接口	IP 地址	网关地址
PC1	E0/0/1	192.168.1.1/24	192.168.1.254
PC2-1	E0/0/1	192.168.2.1/24	192.168.2.254
PC2-2	E0/0/1	192.168.2.2/24	192.168.2.254
PC3	E0/0/1	100.0.3.1/24	100.0.3.254
Server1	E0/0/0	192.168.3.1/24	192.168.3.254
R1	GE0/0/0	100.0.1.1/24	—
	GE0/0/1	192.168.1.254/24	—
	GE0/0/2	192.168.2.254/24	—
	GE4/0/0	192.168.3.254/24	—
R2	GE0/0/0	100.0.1.2/24	—
	GE0/0/2	100.0.3.254/24	—

按表 5-2 完成各 PC 和 Server1 的 IP 地址、子网掩码和网关地址的配置，然后按表 5-2 对路由器 R1、R2 的接口配置 IP 地址，示例如下：

```
[R1-GigabitEthernet0/0/1]ip add 192.168.1.254 24
```

（2）在路由器上配置 OSPF。

在路由器 R1、R2 上配置 OSPF，实现各网段的互通，命令如下：

```
[R1]ospf 1
[R1-ospf-1]area 0
[R1-ospf-1-area-0.0.0.0]network 192.168.1.0 0.0.0.255
[R1-ospf-1-area-0.0.0.0]network 192.168.2.0 0.0.0.255
[R1-ospf-1-area-0.0.0.0]network 192.168.3.0 0.0.0.255
```

```
[R1-ospf-1-area-0.0.0.0]network 100.0.1.0 0.0.0.255
[R1-ospf-1-area-0.0.0.0]quit
[R1-ospf-1]quit

[R2]ospf 1
[R2-ospf-1]area 0
[R2-ospf-1-area-0.0.0.0]network 100.0.1.0 0.0.0.255
[R2-ospf-1-area-0.0.0.0]network 100.0.3.0 0.0.0.255
```

采用 ping 命令，测试各 PC 与 Server1 之间的连通性，结果为能够互通。

（3）基本 ACL 配置。

下面采用基本 ACL 配置，实现 B 公司不能访问 A 公司的网络，A 公司中只有销售部网络和总经理计算机可以访问 B 公司的网络。

在路由器 R1 上配置基本 ACL，命令如下：

```
[R1]acl 2000       //创建基本 ACL,编号为 2000
[R1-acl-basic-2000]rule 10 deny source 100.0.3.0 0.0.0.255
//在 ACL 2000 里创建编号为 10 的规则,禁止源地址 100.0.3.0/24(B 公司的网段)
[R1-acl-basic-2000]int g0/0/0
[R1-GigabitEthernet0/0/0]traffic-filter inbound acl 2000       //在 R1 的 GE0/0/0 接口"入"方向上配置基
于 ACL 2000 的分组过滤,即 ACL 2000 匹配的规则(禁止源地址 100.0.3.0/24)流入 R1 的 GE0/0/0 接口


[R1]acl 2001       //创建基本 ACL,编号为 2001
[R1-acl-basic-2001]rule 10 permit source 192.168.1.0 0.0.0.255
//在 ACL 2001 里创建编号为 10 的规则,允许源地址 192.168.1.0/24(A 公司的销售部网段)
[R1-acl-basic-2001]rule 20 permit source 192.168.2.1 0.0.0.0
//在 ACL 2001 里创建编号为 20 的规则,允许源地址 192.168.2.1(A 公司的总经理 PC2-1 网段)
[R1-acl-basic-2001]rule 30 deny source any
//在 ACL 2001 里创建编号为 30 的规则,禁止其他所有源地址
[R1-acl-basic-2001]int g0/0/0
[R1-GigabitEthernet0/0/0]traffic-filter outbound acl 2001       //在 R1 的 GE0/0/0 接口"出"方向上配置
基于 ACL 2001 的分组过滤,即 ACL 2001 匹配的规则(上面 3 条规则)在 GE0/0/0 接口的"出"方向上应用
```

注意：ACL 里的子网掩码要写成反掩码，如 255.255.255.0 的反掩码为 0.0.0.255，而某一个主机 IP 地址的掩码为 255.255.255.255，反掩码为 0.0.0.0(也可简写为 0)。

（4）查看与测试。

在路由器 R1 上查看 ACL 配置信息，命令如下：

```
[R1]display acl all
Total quantity of nonempty ACL number is 2

Basic ACL 2000,1 rule
Acl's step is 5
rule 10 deny source 100.0.3.0 0.0.0.255(28 matches)
Basic ACL 2001,3 rules
```

```
Acl's step is 5
rule 10 permit source 192. 168. 1. 0 0. 0. 0. 255(5 matches)
rule 20 permit source 192. 168. 2. 1 0(5 matches)
rule 30 deny(29 matches)
```

可以看到，两个 ACL 及规则都配置上了。

查看路由器 R1 的 GE0/0/0 接口信息，命令如下：

```
[R1-GigabitEthernet0/0/0]display this
[V200R003C00]
#
interface GigabitEthernet0/0/0
ip address 100. 0. 1. 1 255. 255. 255. 0
traffic-filter inbound acl 2000
traffic-filter outbound acl 2001
#
Return
```

可以看到，R1 的 GE0/0/0 接口已经配置上基于 ACL 2000 和 ACL 2001 的分组过滤。

采用 ping 命令测试 A 公司与 B 公司之间的连通性，发现无法互通，就连 A 公司的销售部计算机 PC1 和总经理计算机 PC2-1 也无法 ping 通 B 公司的 PC3，这是为什么？

这是因为 ICMP ping 命令测试连通性，实质是从源端发送 ICMP 回送请求报文（request），目的端接收到后发送 ICMP 回送应答报文（reply），是双向测试，两种报文只要任意一方没有接收到，测试结果都是不通，因此需要结合抓包来验证配置效果。

在 R1 的 GE0/0/0 接口和 GE0/0/1 接口启动抓包功能，用 A 公司的销售部计算机 PC1 ping B 公司的 PC3。发现在 R1 的 GE0/0/0 接口有 ICMP 请求包和应答包，如图 5-3 所示，而在 R1 的 GE0/0/1 接口只有 ICMP 请求包，没有应答包，如图 5-4 所示。这说明 PC1 发出的 ICMP 请求包能到达 PC3，PC3 回复了 ICMP 应答包，但是在进入 R1 的 GE0/0/0 接口时被过滤了，所以在 R1 的 GE0/0/1 接口就没有 PC3 回复的 ICMP 应答包了。

Filter:	icmp				▾ Expression... Clear Apply	
No.	Time	Source	Destination	Protocol	Info	
9	38.141000	192.168.1.1	100.0.3.1	ICMP	Echo (ping) request	(id=0xa8c8, seq(be/le)=1/256, ttl=127)
11	40.141000	192.168.1.1	100.0.3.1	ICMP	Echo (ping) request	(id=0xaac8, seq(be/le)=2/512, ttl=127)
12	40.172000	100.0.3.1	192.168.1.1	ICMP	Echo (ping) reply	(id=0xaac8, seq(be/le)=2/512, ttl=127)
14	42.125000	192.168.1.1	100.0.3.1	ICMP	Echo (ping) request	(id=0xacc8, seq(be/le)=3/768, ttl=127)
15	42.156000	100.0.3.1	192.168.1.1	ICMP	Echo (ping) reply	(id=0xacc8, seq(be/le)=3/768, ttl=127)
16	44.125000	192.168.1.1	100.0.3.1	ICMP	Echo (ping) request	(id=0xaec8, seq(be/le)=4/1024, ttl=127)
17	44.156000	100.0.3.1	192.168.1.1	ICMP	Echo (ping) reply	(id=0xaec8, seq(be/le)=4/1024, ttl=127)
18	46.125000	192.168.1.1	100.0.3.1	ICMP	Echo (ping) request	(id=0xb0c8, seq(be/le)=5/1280, ttl=127)
19	46.172000	100.0.3.1	192.168.1.1	ICMP	Echo (ping) reply	(id=0xb0c8, seq(be/le)=5/1280, ttl=127)

图 5-3 R1 的 GE0/0/0 接口抓包情况

Filter:	icmp				▾ Expression... Clear Apply	
No.	Time	Source	Destination	Protocol	Info	
20	29.859000	192.168.1.1	100.0.3.1	ICMP	Echo (ping) request	(id=0x41c9, seq(be/le)=1/256, ttl=128)
22	31.859000	192.168.1.1	100.0.3.1	ICMP	Echo (ping) request	(id=0x43c9, seq(be/le)=2/512, ttl=128)
24	33.859000	192.168.1.1	100.0.3.1	ICMP	Echo (ping) request	(id=0x45c9, seq(be/le)=3/768, ttl=128)
26	35.859000	192.168.1.1	100.0.3.1	ICMP	Echo (ping) request	(id=0x47c9, seq(be/le)=4/1024, ttl=128)
28	37.859000	192.168.1.1	100.0.3.1	ICMP	Echo (ping) request	(id=0x49c9, seq(be/le)=5/1280, ttl=128)

图 5-4 R1 的 GE0/0/1 接口抓包情况

在 R1 的 GE0/0/0 接口和 GE0/0/2 接口启动抓包功能，用 A 公司的行政办公部计算机 PC2-2 ping B 公司的 PC3。发现在 R1 的 GE0/0/2 接口只有 ICMP 请求包，如图 5-5 所示，而在 R1 的 GE0/0/0 接口没有任何 ICMP 报文，说明 PC2-2 发出的 ICMP 请求包不能通过 R1 的 GE0/0/0 接口出去。

其他情况请读者自行测试分析，验证配置效果是否实现。

Filter: icmp				▾	Expression... Clear Apply	
No.	Time	Source	Destination		Protocol	Info
20	34.781000	192.168.2.2	100.0.3.1		ICMP	Echo (ping) request (id=0x5acb, seq(be/le)=1/256, ttl=128)
22	36.781000	192.168.2.2	100.0.3.1		ICMP	Echo (ping) request (id=0x5ccb, seq(be/le)=2/512, ttl=128)
24	38.781000	192.168.2.2	100.0.3.1		ICMP	Echo (ping) request (id=0x5ecb, seq(be/le)=3/768, ttl=128)
27	40.796000	192.168.2.2	100.0.3.1		ICMP	Echo (ping) request (id=0x60cb, seq(be/le)=4/1024, ttl=128)
29	42.796000	192.168.2.2	100.0.3.1		ICMP	Echo (ping) request (id=0x62cb, seq(be/le)=5/1280, ttl=128)

图 5-5　R1 的 GE0/0/2 接口抓包情况

（5）高级 ACL 配置。

采用高级 ACL 配置，实现只有 A 公司的总经理计算机 PC2-1 可以访问财务服务器 Server1。

在路由器 R1 上配置高级 ACL，命令如下：

[R1]acl 3000　　//创建高级 ACL,编号为 3000

[R1-acl-adv-3000]rule 10 permitip source 192.168.2.1 0.0.0.0 destination 192.168.3.1 0.0.0.0

//在 ACL 3000 里创建编号为 10 的规则,允许源地址 192.168.2.1(A 公司的总经理计算机 PC2-1)访问目的地址 192.168.3.1(A 公司的 Server1),高级 ACL 要写上"ip"

[R1-acl-adv-3000]rule 20 deny ip source any destination 192.168.3.1 0

//在 ACL 3000 里创建编号为 20 的规则,禁止其他所有源地址访问目的地址 192.168.3.1(A 公司的 Server1)

[R1-acl-adv-3000]int g4/0/0

[R1-GigabitEthernet4/0/0]traffic-filteroutbound acl 3000

//在 R1 的 GE4/0/0 接口"出"方向上配置基于 ACL 3000 的分组过滤,即 ACL 3000 匹配的规则(上面两条规则)在 GE4/0/0 接口的"出"方向上应用

（6）查看与测试。

在路由器 R1 上查看 ACL 配置信息，命令如下：

[R1]display acl all
Total quantity of nonempty ACL number is 3

Basic ACL 2000,1 rule
Acl's step is 5
rule 10 deny source 100.0.3.0 0.0.0.255(36 matches)

Basic ACL 2001,3 rules
Acl's step is 5
rule 10 permit source 192.168.1.0 0.0.0.255(15 matches)
rule 20 permit source 192.168.2.1 0(5 matches)
rule 30 deny(275 matches)

Advanced ACL 3000,2 rules
Acl's step is 5
rule 10 permit ip source 192.168.2.1 0 destination 192.168.3.1 0
rule 20 deny ip destination 192.168.3.1 0

可以看到，高级 ACL 3000 及两条规则已经配置上。

查看路由器 R1 的 GE4/0/0 接口信息，命令如下：

```
[R1-GigabitEthernet4/0/0]display this
[V200R003C00]
#
interface GigabitEthernet4/0/0
ip address 192. 168. 3. 254 255. 255. 255. 0
traffic-filter outbound acl 3000
#
return
```

可以看到，R1 的 GE4/0/0 接口已经配置上基于 ACL 3000 的分组过滤。

采用 ping 命令测试 A 公司的各 PC 与财务服务器 Server1 之间的连通性，发现只有总经理计算机 PC2-1 能够连通，其余不能连通。

任务2 防火墙配置

任务要求

任务目的：掌握防火墙的基本配置和查看方法。

实验操作：按照下面的实验步骤进行操作。

习题：

完成本任务实验步骤 3 的步骤(8)以后，还可以通过在防火墙的 GE1/0/2 接口进行数据抓包来查看访问情况，请将抓包情况截图，并说明外网客户端 Client1 能否访问 Web 服务器。

1. 防火墙技术简介

防火墙是一种网络安全设备，通常位于网络边界，用于隔离不同安全级别的网络，保护一个网络免受来自另一个网络的攻击和入侵。这种"隔离"不是"一刀切"，是有控制地隔离，允许合法流量通过防火墙，而禁止非法流量通过防火墙。

路由器、交换机与防火墙是有区别的。路由器用来连接不同的网络，通过路由协议保证互联互通，确保将报文转发到目的地；交换机通常用来组建局域网，作为局域网通信的重要枢纽，通过二层/三层交换快速转发报文；防火墙主要部署在网络边界，对进/出网络的访问行为进行控制，安全防护是其核心特性。路由器与交换机的本质是转发，防火墙的本质是控制。防火墙主要依托安全区域和安全策略实现网络流量的控制。

（1）安全区域。

防火墙的安全区域可以划分为 1~100 的安全级别，数字越大表示安全级别越高。防火墙默认存在 Trust、DMZ、Untrust 和 Local 这 4 个安全区域，如图 5-6 所示。这 4 个区域的受信任程度为：Local > Trust > DMZ > Untrust，其安全级别与说明如表 5-3 所示。此外，管理员还可以自定义安全区域，以实现更高细粒度的控制。

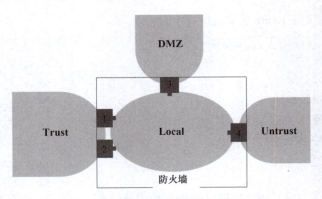

图 5-6　防火墙默认安全区域

表 5-3　防火墙默认的安全区域的安全级别与说明

安全区域	安全级别	说明
Local	100	设备本身，包括设备的各接口本身
Trust	85	内部安全网络，通常用于定义内网终端用户所在区域
DMZ	50	内网和外网之间的网络，通常用于定义内网服务器所在区域，公共服务设备，向外提供信息服务
Untrust	5	外网，通常用于定义 Internet 等不安全的网络

（2）安全策略。

防火墙通过规则控制流量，这个规则在防火墙上被称为"安全策略"。安全策略是防火墙产品的一个基本概念和核心功能，防火墙通过安全策略来提供安全管控能力。

安全策略由条件、动作和配置文件组成，如图 5-7 所示，针对允许通过的流量，可以进一步做反病毒、入侵防御等内容安全检测。

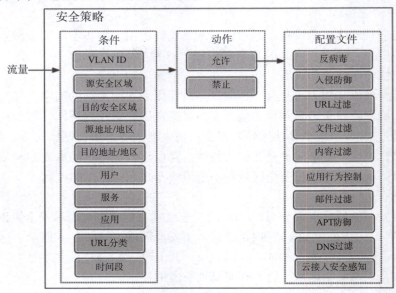

图 5-7　安全策略的组成

2. 实验需求

某单位有办公 PC 内网和一个 Web 服务器，需要使用防火墙控制访问实现网络安全。由于防火墙是一个安全设备，默认规则是一律禁止通过，所以该单位认为允许通过的具体需求如下。

(1)办公内网可以访问 Web 服务器。

(2)办公内网可以访问外网，并采用 Easy IP 进行地址转换。

(3)外网可以访问 Web 服务器，并采用 NAT Server 方式将该单位 Web 服务器 IP 地址的 80 接口映射到公网地址 100. 1. 1. 3 的 80 接口。

(4)除以上外，均禁止访问。

3. 实验步骤

(1)创建网络拓扑并配置 IP 地址。

打开 eNSP，创建图 5-8 所示的网络拓扑，路由器采用 AR2220，交换机采用 S3700，防火墙采用 USG6000V。IP 地址规划如表 5-4 所示，各网段如网络拓扑中标注。

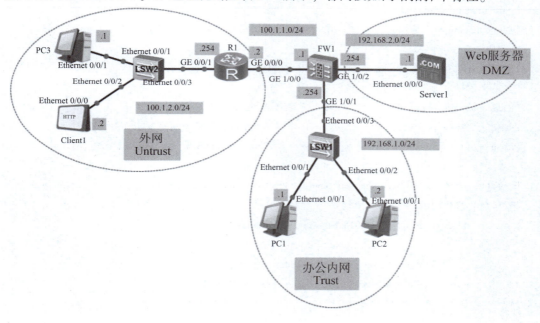

图 5-8　防火墙网络拓扑

表 5-4　IP 地址规划

设备名称	接口	IP 地址	网关地址
PC1	E0/0/1	192. 168. 1. 1/24	192. 168. 1. 254
PC2	E0/0/1	192. 168. 1. 2/24	192. 168. 1. 254
PC3	E0/0/1	100. 1. 2. 1/24	100. 1. 2. 254
Client1	E0/0/0	100. 1. 2. 2/24	100. 1. 2. 254
Server1	E0/0/0	192. 168. 2. 1/24	192. 168. 2. 254

续表

设备名称	接口	IP 地址	网关地址
FW1	GE1/0/0	100. 1. 1. 1/24	—
	GE1/0/1	192. 168. 1. 254/24	—
	GE1/0/2	192. 168. 2. 254/24	—
R1	GE0/0/0	100. 1. 1. 2/24	—
	GE0/0/1	100. 1. 2. 254/24	—

按表 5-4 完成各 PC、Client1 和 Server1 的 IP 地址、子网掩码和网关地址的配置；然后按表 5-4 对路由器 R1 的接口配置 IP 地址。

（2）登录防火墙并修改登录密码。

启动防火墙，登录并修改登录密码，命令如下：

```
Login authentication
Username:admin                    //华为防火墙默认用户名是 admin,默认密码是 Admin@123
Password:
The password needs to be changed. Change now? [Y/N]:y
//登录提示修改密码,输入 y,表示要修改密码
Please enter old password:        //输入旧密码 Admin@123
Please enter new password:        //输入新密码 Admin@321(密码满足复杂性要求)
Please confirm new password:      //再次输入新密码 Admin@321

Info:Your password has been changed. Save the change to survive a reboot.
***************************************************************
*          Copyright(C)2014-2018 Huawei Technologies Co. ,Ltd.      *
*                     All rights reserved.                          *
*              Without the owner' s prior written consent,          *
*          no decompiling or reverse-engineering shall be allowed.  *
***************************************************************
```

（3）配置防火墙接口的 IP 地址。

对防火墙更名并对各接口配置 IP 地址，命令如下：

```
<USG6000V1> system-view
[USG6000V1]sysname FW1
[FW1]int g1/0/1
[FW1-GigabitEthernet1/0/1]ip add 192. 168. 1. 254 24
[FW1-GigabitEthernet1/0/1]int g1/0/2
[FW1-GigabitEthernet1/0/2]ip add 192. 168. 2. 254 24
[FW1-GigabitEthernet1/0/2]int g1/0/0
[FW1-GigabitEthernet1/0/0]ip add 100. 1. 1. 1 24
```

（4）在防火墙上配置默认路由。

在防火墙 FW1 上配置去往路由器 R1 的默认路由，命令如下：

```
[FW1]ip route-static 0. 0. 0. 0 0. 0. 0. 0 100. 1. 1. 2
```

（5）把防火墙接口加入相应安全区域。

把防火墙的各接口分别加入 Trust、Untrust 和 DMZ 安全区域。

```
[FW1]firewall zone trust                          //进入 Trust
[FW1-zone-trust]add int g1/0/1                     //把 FW1 的 GE1/0/1 接口加入 Trust
[FW1-zone-trust]firewall zone untrust              //进入 Untrust
[FW1-zone-untrust]add int g1/0/0                    //把 FW1 的 GE1/0/0 接口加入 Untrust
[FW1-zone-untrust]firewall zone dmz                //进入 DMZ
[FW1-zone-dmz]add int g1/0/2                        //把 FW1 的 GE1/0/2 接口加入 DMZ
[FW1-zone-dmz]quit
```

采用 ping 命令测试各安全区域之间的连通性，发现不能连通，因为防火墙默认规则是一律禁止通过。

（6）配置安全策略，允许办公内网访问 Web 服务器。

防火墙默认规则是一律禁止通过，因此这里在防火墙 FW1 上配置安全策略，就是配置允许通过的策略，即配置允许办公内网访问 Web 服务器，命令如下：

```
[FW1]security-policy                               //进入安全策略配置
[FW1-policy-security]rule name trust-dmz            //创建名称为 Trust-DMZ(自定义)的
规则
[FW1-policy-security-rule-trust-dmz]source-zone trust       //源安全区域为 Trust
[FW1-policy-security-rule-trust-dmz]destination-zone dmz    //目的安全区域为 DMZ
[FW1-policy-security-rule-trust-dmz]action permit           //动作为允许
[FW1-policy-security-rule-trust-dmz]quit
```

用 PC1 或 PC2 ping Server1，发现能够连通。用 Server1 ping PC1 或 PC2，发现不能连通。

（7）配置安全策略和 NAT，让办公内网可以访问外网。

在防火墙 FW1 上配置安全策略，允许办公内网访问外网，命令如下：

```
[FW1]security-policy
[FW1-policy-security]rule name trust-untrust
[FW1-policy-security-rule-trust-untrust]source-zone trust
[FW1-policy-security-rule-trust-untrust]destination-zone untrust
[FW1-policy-security-rule-trust-untrust]action permit
[FW1-policy-security-rule-trust-untrust]quit
```

这时候如果用 ping 命令进行测试则无法测通，因为在防火墙上没有做办公内网的网络地址转换。

在防火墙 FW1 上配置 NAT 策略，采用 Easy IP 进行地址转换，命令如下：

```
[FW1]nat-policy                                    //配置 NAT 策略
[FW1-policy-nat]rule name policy_nat1               //策略规则的名称为 policy_nat1(自定义)
```

```
[FW1-policy-nat-rule-policy_nat1]source-zone trust              //源安全区域为 Trust
[FW1-policy-nat-rule-policy_nat1]destination-zone untrust       //目的安全区域为 Untrust
[FW1-policy-nat-rule-policy_nat1]action source-nat easy-ip      //动作为进行源地址转换,采用 Easy IP 方式
[FW1-policy-nat-rule-policy_nat1]quit
```

用 PC1 或 PC2 ping PC3,显示能够连通,而 PC3 ping PC1 或 PC2 则不能连通。

(8)配置安全策略和 NAT,让外网可以访问 Web 服务器。

在防火墙 FW1 上配置安全策略,允许外网访问 Web 服务器,命令如下:

```
[FW1]security-policy
[FW1-policy-security]rule name untrust-dmz
[FW1-policy-security-rule-untrust-dmz]source-zone untrust
[FW1-policy-security-rule-untrust-dmz]destination-zone dmz
[FW1-policy-security-rule-untrust-dmz]action permit
[FW1-policy-security-rule-untrust-dmz]quit
```

这时候如果用 ping 命令进行测试则无法测通,因为在防火墙上没有做 Web 服务器的网络地址转换。

在防火墙 FW1 上配置 NAT Server,将 Web 服务器 IP 地址的 80 接口映射到公网地址 100.1.1.3 的 80 接口,命令如下:

```
[FW1]nat server protocol tcp global 100.1.1.3 80 inside 192.168.2.1 80
//配置 NAT Server,协议为 TCP,192.168.2.1 的 80 接口映射到公网地址 100.1.1.3 的 80 接口上
```

外网客户端 Client1 访问 Web 服务器的测试方法如下。

双击服务器"Server1"图标,在打开的窗口中选择"服务器信息"选项卡,在左边栏中选择"HttpServer"选项,配置"端口号"为"80",选择好文件根目录,单击"启动"按钮,如图 5-9 所示。用同样的方法,在 Client1 上选择"HttpClient",在"地址"文本框里输入 Web 服务器的外网映射网址"http://100.1.1.3:80",单击"获取"按钮,就能在下方看到 Web 服务器返回的 HTTP 响应记录,如图 5-10 所示,说明访问成功。这时候立即在防火墙上执行 display firewall session table verbose 命令,可以看到如下信息:

```
<FW1>display firewall session table verbose
2024-02-11 13:24:17.690
Current Total Sessions:1
http VPN:public--> public ID:c487f9f5becd5c0116365c8ca74
Zone:untrust--> dmz TTL:00:00:10 Left:00:00:06
Recv Interface:GigabitEthernet1/0/0
Interface:GigabitEthernet1/0/2 NextHop:192.168.2.1 MAC:5489-98b2-67a3
<--packets:4 bytes:471--> packets:6 bytes:399
//6 表示发送给服务器报文的数量,4 表示服务器响应报文的数量
100.1.2.2:2052--> 100.1.1.3:80[192.168.2.1:80] PolicyName:untrust-dmz
TCP State:close
```

可以看到访问成功,这时也可查看 Web 服务器的日志信息,显示 Accepted 表示接收,如图 5-11 所示,即访问成功。

图 5-9　Server1 设置

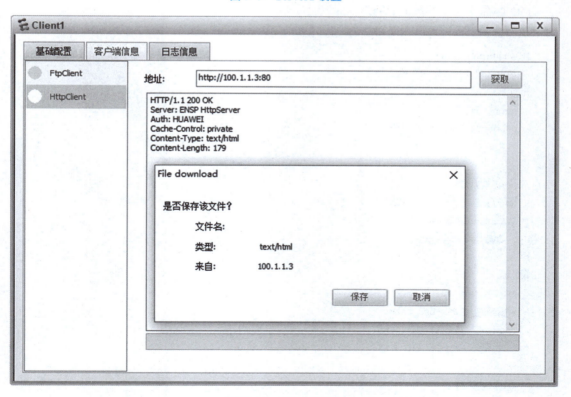

图 5-10　Client1 设置

```
Server                                                   _  □  X

 基础配置    服务器信息    日志信息

[2022-05-11 12:30:41]设备初始化完成。
[2022-05-11 12:32:58]设备启动
[2022-05-11 13:13:00]HttpServer:Please select a file directory as HTTP server root
[2022-05-12 08:58:40]HttpServer:Server: Accepted a socket client.  fd = 1
[2022-05-12 08:58:40]HttpServer:Server: socket client data. fd = 1, len = 9
[2022-05-12 09:02:27]HttpServer:Server: socket client data. fd = 1, len = 69
[2022-05-12 09:02:27]HttpServer:Server: socket client data. fd = 1, len = 56
[2022-05-12 09:04:14]HttpServer:Server: a socket client closed. fd = 1
[2022-05-12 09:06:39]HttpServer:Server: Accepted a socket client.  fd = 1
[2022-05-12 09:06:39]HttpServer:Server: socket client data. fd = 1, len = 9
```

图 5-11   Web 服务器的日志信息

(9)查看防火墙的配置情况。

在防火墙 FW1 上查看安全区域配置情况，命令如下：

```
[FW1]display zone
2024-02-11 11:41:39.380
local
   priority is 100
   interface of the zone is(0):
#
trust
   priority is 85
   interface of the zone is(2):
      GigabitEthernet0/0/0
      GigabitEthernet1/0/1
#
untrust
   priority is 5
   interface of the zone is(1):
      GigabitEthernet1/0/0
#
dmz
   priority is 50
   interface of the zone is(1):
```

GigabitEthernet1/0/2

\#

在防火墙 FW1 上查看安全策略规则情况，命令如下：

```
[FW1]display security-policy rule all
2024-02-11 11:44:35. 150
Total:4
RULE ID     RULE NAME          STATE          ACTION          HITS
-----------------------------------------------------------------------
1           trust-dmz          enable         permit          5
2           untrust-dmz        enable         permit          0
3           trust-untrust      enable         permit          10
0           default            enable         deny            4
-----------------------------------------------------------------------
```

任务3   IPSec VPN 配置

任务要求

任务目的：掌握手动静态 IPSec VPN 的配置和查看方法。

实验操作：按照下面的实验步骤进行操作。

习题：

完成本节实验步骤 3 的步骤(7)以后，在 R2 的 GE0/0/0 接口进行数据抓包，然后用 PC1 ping PC2，查看 R2 的 GE0/0/0 接口与 R1 的 GE0/0/1 接口上的数据包有什么不同？

1. IPSec VPN 简介

（1）IPSec 简介

IP 安全(IP Security，IPSec)是为互联网网络层提供安全服务的一组协议。IPSec 有两种不同的运行方式，即传输方式和隧道方式。在传输方式下，IPSec 保护运输层交给网络层的内容，即只保护 IP 数据报的有效载荷部分。在隧道方式下，IPSec 保护包括 IP 首部在内的整个 IP 数据报。IPSec 的隧道方式常用来实现虚拟专用网络(Virtual Private Network，VPN)。

IPSec 协议簇包含两个主要协议：鉴别首部(Authentication Header，AH)协议和封装安全载荷(Encapsulating Security Payload，ESP)协议。AH 协议提供源鉴别和数据完整性服务，但是不提供机密性服务。ESP 协议同时提供鉴别、数据完整性和机密性服务。

IPSec 的通信双方在使用 AH 协议或 ESP 协议之前，要先建立一个网络层逻辑连接，该逻辑连接称为安全关联(Security Association，SA)。SA 是单向的逻辑连接，为了使两个方向都能得到保护，需要在两个方向上都建立 SA，如图 5-12 所示。通过 SA，双方可确定使用的加密算法或鉴别算法及各种安全参数等。为了区分不同的 SA，每个 SA 都有一个唯一标识符，称为安全参数索引(Security Parameter Index，SPI)。

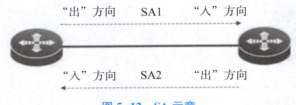

图 5-12　SA 示意

IPSec 提供机密性服务，采用对称加密算法，即用相同的密钥进行加密和解密。加密算法主要包括 DES、3DES 和 AES 算法（安全级别由低到高）。IPSec 提供源鉴别和数据完整性服务，常用的算法主要有 MD5、SHA1 和 SHA2（安全级别由低到高）。

（2）IPSec VPN 配置流程。

IPSec VPN 的配置有手动静态方式和 IKE 动态方式。采用手动静态方式，这时 AH 协议或 ESP 协议使用的密钥都是手动进行配置的。因此，为了保证 VPN 的长期安全，密钥需要定期修改。为了便于维护，IPSec 可以采用互联网密钥交换（Internet Key Exchange，IKE）协议来实现 SA 的动态建立并完成密钥的动态刷新。

在公用网络连通的情况下，采用手动静态方式配置 IPSec VPN 的步骤如图 5-13 所示。

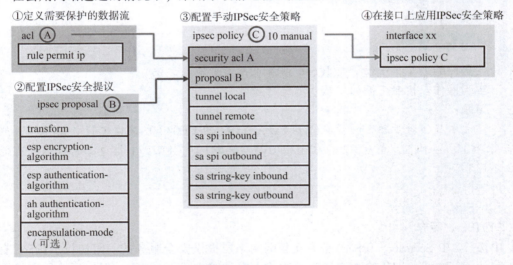

图 5-13　手动静态方式配置 IPSec VPN 的步骤

①定义需要保护的数据流。只有内部网络的数据流才被 IPSec 保护，可以通过 ACL 来定义需要保护的数据流。

②配置 IPSec 安全提议。IPSec 安全提议中包含传输方式、加密算法和鉴别算法等。

③配置手动 IPSec 安全策略。IPSec 安全策略中包含指定通信双方的全球 IP 地址、SPI，以及加密算法和鉴别算法采用的密钥等。

④在接口上应用 IPSec 安全策略。

IKE 动态方式配置 IPSec VPN 的步骤如图 5-14 所示。可以看到，IKE 动态方式比手动静态方式多了配置 IKE 安全提议和配置 IKE 对等体两个步骤，其余步骤与手动静态方式的配置步骤基本一样。

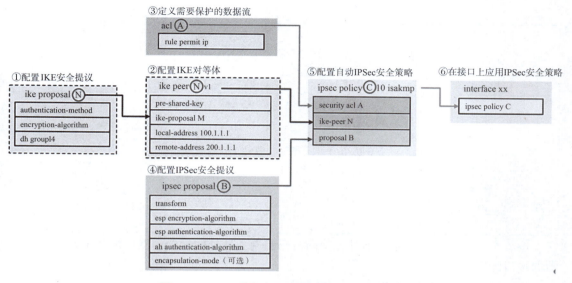

③定义需要保护的数据流

acl Ⓐ
- rule permit ip

①配置IKE安全提议

ike proposal Ⓝ
- authentication-method
- encryption-algorithm
- dh groupl4

②配置IKE对等体

ike peer Ⓝv1
- pre-shared-key
- ike-proposal M
- local-address 100.1.1.1
- remote-address 200.1.1.1

④配置IPSec安全提议

ipsec proposal Ⓑ
- transform
- esp encryption-algorithm
- esp authentication-algorithm
- ah authentication-algorithm
- encapsulation-mode（可选）

⑤配置自动IPSec安全策略

ipsec policy Ⓒ10 isakmp
- security acl A
- ike-peer N
- proposal B

⑥在接口上应用IPSec安全策略

interface xx
- ipsec policy C

图 5-14　IKE 动态方式配置 IPSec VPN 的步骤

2. 实验需求

某单位有分别处于两个城市的总部公司和分部公司，两地公司的办公内网通过路由器接入公网实现连接。采用手动静态方式配置 IPSec VPN，采用 ESP 协议方式，认证算法采用 sha2-256，加密算法采用 aes-128，实现总部公司和分部公司内网数据互通，且数据加密。

3. 实验步骤

（1）创建网络拓扑并配置 IP 地址。

打开 eNSP，创建图 5-15 所示的网络拓扑，路由器采用 AR2220。IP 地址规划如表 5-5 所示，各网段如网络拓扑中标注。

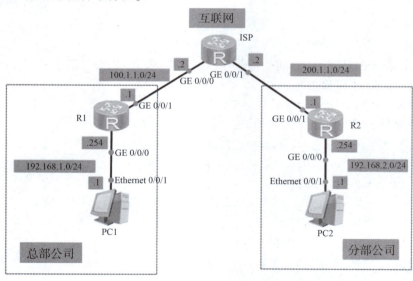

图 5-15　手动静态方式配置 IPSec VPN 网络拓扑

表 5-5　IP 地址规划

设备名称	接口	IP 地址	网关地址
PC1	E0/0/1	192.168.1.1/24	192.168.1.254
PC2	E0/0/1	192.168.2.1/24	192.168.2.254
R1	GE0/0/0	192.168.1.254/24	—
R1	GE0/0/1	100.1.1.1/24	—
R2	GE0/0/0	192.168.2.254/24	—
R2	GE0/0/1	200.1.1.1/24	—
ISP	GE0/0/0	100.1.1.2/24	—
ISP	GE0/0/1	200.1.1.2/24	—

按表 5-5 完成各 PC 的 IP 地址、子网掩码和网关地址的配置；然后按表 5-5 对各路由器的接口配置 IP 地址。

（2）在路由器上配置 OSPF。

在路由器 R1、R2 和 ISP 上配置 OSPF，命令如下：

```
[R1]ospf 1
[R1-ospf-1]area 0
[R1-ospf-1-area-0.0.0.0]network 100.1.1.0 0.0.0.255

[ISP]ospf 1
[ISP-ospf-1]area 0
[ISP-ospf-1-area-0.0.0.0]network 100.1.1.0 0.0.0.255
[ISP-ospf-1-area-0.0.0.0]network 200.1.1.0 0.0.0.255

[R2]ospf 1
[R2-ospf-1]area 0
[R2-ospf-1-area-0.0.0.0]network 200.1.1.0 0.0.0.255
```

此时如果测试 PC1 与 PC2 之间的连通性，则结果为不能连通，请思考为什么？

（3）在路由器 R1 上配置 IPSec VPN。

在路由器 R1 上配置 IPSec VPN，具体步骤如下。

1）定义需要保护的数据流，命令如下：

```
[R1]acl 3000      //配置高级 ACL 3000
[R1-acl-adv-3000]rule 10 permit ip source 192.168.1.0 0.0.0.255
destination 192.168.2.0 0.0.0.255
//建立规则 10,允许源地址为 192.168.1.0/24 且目的地址为 192.168.2.0/24 的流量
[R1-acl-adv-3000]quit
```

2）配置 IPSec 安全提议，命令如下：

```
[R1]ipsec proposal zb      //创建 IPSec 提议,名称为 zb(可自定义)
[R1-ipsec-proposal-zb]encapsulation-mode tunnel
//封装方式为隧道方式(默认为此,这条命令可以省略不写)
```

```
[R1-ipsec-proposal-zb]transform esp        //传输协议为 ESP 协议(默认为此,这条命令可以省略不写)
[R1-ipsec-proposal-zb]esp authentication-algorithm sha2-256   //认证算法采用 sha2-256
[R1-ipsec-proposal-zb]esp encryption-algorithm aes-128        //加密算法采用 aes-128
[R1-ipsec-proposal-zb]quit
```

3)配置手动 IPSec 安全策略, 命令如下:

```
[R1]ipsec policy zongbu 10 manual
//配置 IPSec 安全策略,名称为 zongbu(自定义),优先级为 10(安全策略优先级值越小越优先),方式为手动静态方式
    [R1-ipsec-policy-manual-zongbu-10]security acl 3000        //引用 ACL 3000
    [R1-ipsec-policy-manual-zongbu-10]proposal zb             //采用 IPSec 安全提议 zb
    [R1-ipsec-policy-manual-zongbu-10]tunnel local 100.1.1.1  //配置隧道本端地址为 100.1.1.1
    [R1-ipsec-policy-manual-zongbu-10]tunnel remote 200.1.1.1 //配置隧道对端地址为 200.1.1.1
    [R1-ipsec-policy-manual-zongbu-10]sa spi inbound esp 54321
//配置"入"方向 ESP 协议 SA 编号(SPI)为 54321
    [R1-ipsec-policy-manual-zongbu-10]sa string-key inbound esp cipher huawei
//配置"入"方向 ESP 协议 SA 的认证密钥为密文 huawei
    [R1-ipsec-policy-manual-zongbu-10]sa spi outbound esp 12345
//配置"出"方向 ESP 协议 SA 编号(SPI)为 12345
    [R1-ipsec-policy-manual-zongbu-10]sa string-key outbound esp cipher huawei
//配置"出"方向 ESP 协议 SA 的认证密钥为密文 huawei
    [R1-ipsec-policy-manual-zongbu-10]quit
```

4)在接口上应用 IPSec 安全策略, 命令如下:

```
[R1]int g0/0/1
[R1-GigabitEthernet0/0/1]ipsec policy zongbu
```

(4)在路由器 R2 上配置 IPSec VPN。

在路由器 R2 上配置 IPSec VPN,具体步骤如下。

1)定义需要保护的数据流, 命令如下:

```
[R2]acl 3000
[R2-acl-adv-3000]rule 10 permit ip source 192.168.2.0 0.0.0.255
destination 192.168.1.0 0.0.0.255
[R2-acl-adv-3000]quit
```

2)配置 IPSec 安全提议, 命令如下:

```
[R2]ipsec proposal fb
[R2-ipsec-proposal-fb]encapsulation-mode tunnel
[R2-ipsec-proposal-fb]transform esp
[R2-ipsec-proposal-fb]esp authentication-algorithm sha2-256
[R2-ipsec-proposal-fb]esp encryption-algorithm aes-128
[R2-ipsec-proposal-fb]quit
```

3）配置手动 IPSec 安全策略，命令如下：

```
[R2]ipsec policy fenbu 10 manual
[R2-ipsec-policy-manual-fenbu-10]security acl 3000
[R2-ipsec-policy-manual-fenbu-10]proposal fb
[R2-ipsec-policy-manual-fenbu-10]tunnel local 200.1.1.1
[R2-ipsec-policy-manual-fenbu-10]tunnel remote 100.1.1.1
[R2-ipsec-policy-manual-fenbu-10]sa spi inbound esp 12345
[R2-ipsec-policy-manual-fenbu-10]sa string-key inbound esp cipher huawei
[R2-ipsec-policy-manual-fenbu-10]sa spi outbound esp 54321
[R2-ipsec-policy-manual-fenbu-10]sa string-key outbound esp cipher huawei
[R2-ipsec-policy-manual-fenbu-10]quit
```

4）在接口上应用 IPSec 安全策略，命令如下：

```
[R2]int g0/0/1
[R2-GigabitEthernet0/0/1]ipsec policy fenbu
```

（5）查看 IPSec 的 SA 配置情况。

在路由器 R1、R2 上使用 display ipsec sa 或 display ipsec sa brief 命令查看 IPSec 的 SA 配置情况，下面使用 display ipsec sa brief 命令查看：

```
<R1>display ipsec sa brief
Number of SAs:2
Src address    Dst address    SPI     VPN    Protocol    Algorithm
-----------------------------------------------------------------------------------
200.1.1.1      100.1.1.1      54321   0      ESP         E:AES-128 A:SHA2_256_128
100.1.1.1      200.1.1.1      12345   0      ESP         E:AES-128 A:SHA2_256_128


[R2]display ipsec sa brief
Number of SAs:2
Src address    Dst address    SPI     VPN    Protocol    Algorithm
-----------------------------------------------------------------------------------
200.1.1.1      100.1.1.1      54321   0      ESP         E:AES-128 A:SHA2_256_128
100.1.1.1      200.1.1.1      12345   0      ESP         E:AES-128 A:SHA2_256_128
```

可以看到，在路由器 R1、R2 上均已创建了 IPSec SA。

（6）在路由器 R1、R2 上配置静态路由。

由于步骤（2）中没有在 R1 上发布总部公司内网网段，也没有在 R2 上发布分部公司内网网段，所以在 R1 上没有去往分部公司内网的路由，在 R2 上没有去往总部公司内网的路由。在 R1、R2 上配置静态路由，命令如下：

```
[R1]ip route-static 192.168.2.0 255.255.255.0 100.1.1.2
[R2]ip route-static 192.168.1.0 255.255.255.0 200.1.1.2
```

（7）连通性测试。

采用 ping 命令测试 PC1 与 PC2 之间的连通性，显示能够连通。

在 R1 的 GE0/0/1 接口上启动抓包功能，用 PC1 ping PC2，得到图 5-16 所示的抓包结果。

Filter:					▼ Expression... Clear Apply

No.	Time	Source	Destination	Protocol	Info
7	24.922000	100.1.1.1	200.1.1.1	ESP	ESP (SPI=0x00003039)
8	24.938000	200.1.1.1	100.1.1.1	ESP	ESP (SPI=0x0000d431)
9	25.953000	100.1.1.1	200.1.1.1	ESP	ESP (SPI=0x00003039)
10	25.969000	200.1.1.1	100.1.1.1	ESP	ESP (SPI=0x0000d431)
11	26.985000	100.1.1.1	200.1.1.1	ESP	ESP (SPI=0x00003039)
12	27.000000	200.1.1.1	100.1.1.1	ESP	ESP (SPI=0x0000d431)
13	27.500000	100.1.1.2	224.0.0.5	OSPF	Hello Packet
14	27.844000	100.1.1.1	224.0.0.5	OSPF	Hello Packet
15	28.016000	100.1.1.1	200.1.1.1	ESP	ESP (SPI=0x00003039)
16	28.032000	200.1.1.1	100.1.1.1	ESP	ESP (SPI=0x0000d431)
17	29.047000	100.1.1.1	200.1.1.1	ESP	ESP (SPI=0x00003039)
18	29.063000	200.1.1.1	100.1.1.1	ESP	ESP (SPI=0x0000d431)
19	36.672000	100.1.1.2	224.0.0.5	OSPF	Hello Packet
20	37.110000	100.1.1.1	224.0.0.5	OSPF	Hello Packet

```
⊞ Frame 11: 134 bytes on wire (1072 bits), 134 bytes captured (1072 bits)
⊞ Ethernet II, Src: HuaweiTe_0a:56:46 (00:e0:fc:0a:56:46), Dst: HuaweiTe_e9:16:f0 (00:e0:fc:e9:16:f0)
⊞ Internet Protocol, Src: 100.1.1.1 (100.1.1.1), Dst: 200.1.1.1 (200.1.1.1)
⊟ Encapsulating Security Payload
    ESP SPI: 0x00003039
    ESP Sequence: 218103808
```

图 5-16　R1 的 GE0/0/1 接口抓包情况

可以看到，PC1 ping PC2 的 ICMP 数据包通过 R1 的 GE0/0/1 接口时，源地址 192.168.1.1 已经变为 SA 本端接口地址 100.1.1.1，目的地址 192.168.1.1 已经变为 SA 对端接口地址 200.1.1.1。ICMP 报文已经被 ESP 协议封装，并且在下面的数据包详细信息栏里也看不到 ESP 协议封装的是 ICMP 报文。

项目 6

无线局域网

无线局域网(WLAN)是指以无线方式接入有线网络的局域网络,提供移动接入功能。WLAN 的网络主干仍然是有线网络,通过在有线网络的接入层连接无线接入设备,实现无线方式接入有线网络,并延伸了有线局域网(Local Area Network,LAN)的覆盖范围。

1. WLAN 的基本概念

(1)无线工作站(Station,STA):支持 IEEE 802.11 标准的终端设备,也称为移动站,如带无线网卡的计算机、支持 WLAN 的手机等。

(2)接入点(Access Point,AP):为 STA 提供基于 IEEE 802.11 标准的无线接入服务,起到有线网络和无线网络的桥接作用。

(3)接入控制器(Access Controller,AC):在集中式网络架构中,AC 对 WLAN 中的所有 AP 进行控制和管理。

(4)虚拟接入点(Virtual Access Point,VAP):在一个物理 AP 设备上虚拟出来的 AP,每个被虚拟出的 AP 就是一个 VAP,每个 VAP 提供和物理实体 AP 一样的功能。可以在一个 AP 上创建不同的 VAP,为不同的用户群体提供不同的无线接入服务。

(5)无线接入点控制与规范(Control And Provisioning of Wireless Access Points,CAPWAP):由 RFC 5415 协议定义的、实现 AP 和 AC 之间互通的一个通用封装和传输机制,实现 AC 对其所关联的 AP 的集中管理和控制。

CAPWAP 隧道使用 UDP 作为传输协议,并支持 IPv4 和 IPv6。WLAN 网络中的数据包括管理报文和业务数据报文。管理报文用来传送 AC 与 AP 之间的管理数据,存在于 AC 和 AP 之间。业务数据报文主要用来传送 WLAN 用户的数据,存在于 STA 和上层网络之间。管理报文必须采用 CAPWAP 隧道进行转发,这种传发模式称为隧道转发模式;而业务数据报文除了可以采用 CAPWAP 隧道转发模式,还可以采用直接转发模式和 Soft-GRE 转发模式。在直接转发模式下,业务数据报文不经过 CAPWAP 封装。

(6)基本服务集(Basic Service Set,BSS):一个 AP 所覆盖的范围。在一个 BSS 的服务区域内,STA 可以相互通信。

(7)扩展服务集(Extend Service Set,ESS):由多个使用相同 SSID 的 BSS 组成。

（8）服务集标识符（Service Set IDentifier，SSID）：无线网络的标识，用来区分不同的无线网络。

根据标识方式的不同，SSID又可以分为基本服务集标识符和扩展服务集标识符。基本服务集标识符（Basic Service Set IDentifier，BSSID）表示AP上每个VAP的数据链路层MAC地址。扩展服务集标识符（Extended Service Set IDentifier，ESSID）是一个或一组无线网络的标识。通常SSID即ESSID，多个AP可以是同一个ESSID，以便为STA提供漫游能力，但是每个AP的BSSID不相同。

2. WLAN 的组网方式

WLAN的组网方式一般有基础架构无线网络、无线自组织（Ad Hoc）网络、分布式无线系统、无线桥接模式等。

（1）基础架构无线网络：STA通过AP接入，一个AP组建的网络为一个BSS，如图6-1（a）所示。

（2）无线自组织网络：由STA组成，各STA处于对等地位相互通信，无AP，服务范围受限，一般也不与外网连通，如图6-1（b）所示，适用于军用自组网或临时组网。

（3）分布式无线系统：由多个AP组成的无线网络，如图6-1（c）所示。将两个或两个以上BSS连在一起的系统称为分布式系统（Distributed System，DS），而通过DS把采用相同SSID的多个BSS组合成一个大的无线网络称为ESS，适用于覆盖范围较大的场景。

（4）无线桥接模式：将两个或多个网络通过无线网桥进行连接，如图6-1（d）所示，适用于两个网络间临时组网或不方便布设有线连接的情况。

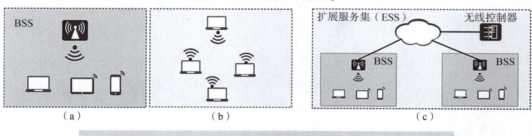

（a）　　　　　　　　　（b）　　　　　　　　　（c）

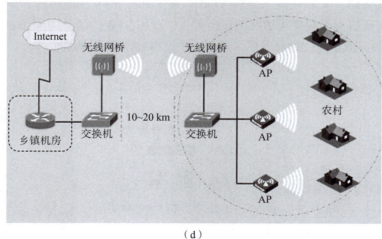

（d）

图 6-1　WLAN 的组网方式

（a）基础架构无线网络；（b）无线自组织网络；（c）分布式无线系统；（d）无线桥接模式

3. WLAN 的网络架构

这里介绍 WLAN 两种常用的网络架构：集中式架构（AC+FIT AP）和自治式架构（FAT AP）。

（1）集中式架构：又称瘦接入点（FIT Access Point，FIT AP）架构。这种架构便于管理员对网络进行集中管理和维护，适用于中、大型 WLAN 场景。通过 AC+FIT AP 完成无线接入功能。AC 集中管理和控制多个 AP，集中处理所有的安全、控制和管理功能，如移动管理、身份验证、VLAN 划分、射频资源管理和数据包报文转发等；AP 完成无线射频接入功能，如无线信号发射与探测响应、数据加密/解密、数据传输确认等。

AC 和 AP 的网络连接方式可分为二层组网和三层组网。根据 AC 在网络中的位置，AC 的网络连接方式又可分为 AC 直连式组网（STA 的业务数据报文需要经过 AC 到达上层网络）和 AC 旁挂式组网（STA 的业务数据报文不需要经过 AC 就能到达上层网络），如图 6-2 所示。

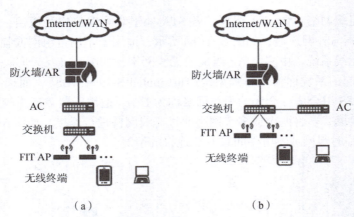

图6-2　集中式架构的 AC 直连式组网和 AC 旁挂式组网
（a）集中式架构的 AC 直连式组网；（b）集中式架构的 AC 旁挂式组网

（2）自治式架构：又称胖接入点（FAT Access Point，FAT AP）架构，如图 6-3 所示。该架构下 AP 实现所有无线接入功能而不需要 AC 设备，FAT AP 的功能强大，独立性好，但设备结构复杂，价格高，难以管理，适用于小型 WLAN 使用场景。

图6-3　自治式架构（FAT AP）

4. WLAN 基本业务配置

WLAN 网络的配置相对比较复杂。为了方便用户配置和维护 WLAN 的各个功能，华为设备针对 WLAN 的不同功能和特性设计了各种类型的模板。当用户在配置 WLAN 业务功能时，只需要在对应功能的 WLAN 模板中进行参数配置，配置完成后，将此模板引用到上一层模板或引用到 AP 组或 AP 中，配置就会自动下发到 AP，配置下发完成后，配置的功能就会直接在 AP 上生效。

常用的 WLAN 基本模板间的逻辑引用关系如图 6-4 所示。

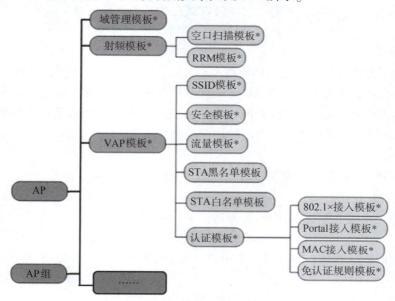

图 6-4 常用的 WLAN 基本模板间的逻辑引用关系

集中式架构的基本业务配置流程如表 6-1 所示。

表 6-1 集中式架构的基本业务配置流程

配置项目	配置内容
配置网络互通	实现 AP、AC 和周边网络设备之间的网络互通
配置 DHCP 服务器	为 STA 和 AP 等分配 IP 地址
配置 AP 上线	创建 AP 组：用于对相同配置的 AP 进行统一配置； 配置 AC 系统参数：包括国家码、AC 与 AP 之间通信的源接口； 配置 AP 上线的认证方式并离线导入 AP，实现 AP 正常上线
配置 AC 下发给 AP 的 WLAN 业务参数	主要包括 VAP、SSID 和 AP 射频参数等，实现 STA 访问 WLAN 网络功能

任务要求

任务目的：掌握 WLAN 的配置和查看方法。

实验操作：按照下面的实验步骤进行操作。

习题：

在实验步骤 3 的步骤（2）的 2）中，给连接 AP1 的交换机 S2 的配置中，有一条配置命令为［S2-GigabitEthernet0/0/1］port trunk pvid vlan 100，该命令是配置接口的默认

VLAN 为 VLAN 100，给接收到的 Untagged 帧加上 VLAN 100 标签，用于识别发送给 AC。请思考为什么要做这个配置？S1 下面的 WLAN 既有管理 VLAN 100，又有业务 VLAN 110 的数据，为什么是打上 VLAN 100 标签而不是 VLAN 110 标签？请在完成本次实验后，在 AP 的 GE0/0/0 接口、S2 的 GE0/0/2 接口开启抓包功能，用 STA1 ping 外网终端 2.2.2.2，通过查看两个接口的数据包信息来分析并回答此问题。

1. 实验需求

某单位为了方便办公，决定采用有线+无线局域网方式组建内网，并通过路由器连接外网。WLAN 采用集中式架构，在 AC 上配置 WLAN 业务，下发给 AP。AC 采用旁挂二层组网，直接转发模式。各终端和 AP 的 IP 地址采用动态分配。实现笔记本电脑或手机等无线终端与 PC 之间能够互相访问，内网终端都能访问外网。

2. 配置思路

（1）配置 AP、AC 与周边网络设备实现网络互通。

（2）配置 DHCP 服务器。

1）在核心交换机上配置 DHCP 服务器，采用接口地址池模式为 PC 和 STA 分配 IP 地址。

2）在 AC 上配置 DHCP 服务器，采用接口地址池模式为 AP 分配 IP 地址。

（3）配置 AP 上线。

1）创建 AP 组，用于对相同配置的 AP 进行统一配置。

2）创建域管理模板，在域管理模板下配置 AC 的国家码，并在 AP 组下引用域管理模板。

3）配置 AC 与 AP 之间通信的源接口，实现 AC 对其所关联的 AP 进行集中管理和控制。

4）在 AC 上离线导入 AP，并将 AP 加入 AP 组。

（4）配置 WLAN 业务参数，实现 STA 访问 WLAN 网络功能。

1）创建安全模板，配置安全策略。

2）创建 SSID 模板，配置 SSID。

3）创建 VAP 模板，配置业务数据转发模式、业务 VLAN，并引用安全模板和 SSID 模板。

4）配置 AP 组引用 VAP 模板。

（5）配置 AP 射频的信道和功率。

3. 实验步骤

（1）创建网络拓扑。

打开 eNSP，创建图 6-5 所示的网络拓扑，核心交换机 S1 和接入交换机 S2、S3 均采用 S5700，路由器采用 AR2220，AC 采用 AC6605，AP 采用 AP5030，STA 和 Cellphone 在网络设备区终端里面可以找到，配置规划如表 6-2 所示，各 VLAN 标注在网络拓扑中。

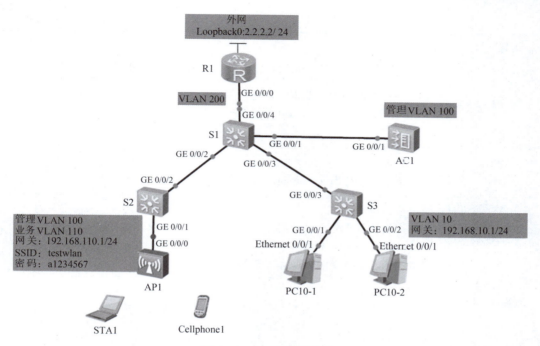

图 6-5　WLAN 网络拓扑

表 6-2　配置规划

配置项目	配置规划
VLAN	WLAN 管理 VLAN 100
	WLAN 业务 VLAN 110
	PC 业务 VLAN 10
	路由器 VLAN 200
DHCP 服务器	无线控制器 AC1 采用 VLANIF 100 接口地址池为 AP 分配 IP 地址； 交换机 S1 采用 VLANIF 10 接口地址池为 PC 分配 IP 地址； 交换机 S1 采用 VLANIF 110 接口地址池为 STA 和 Cellphone 分配 IP 地址
AC1	GE0/0/1：Trunk，允许 VLAN 100 帧通过； VLANIF 100 地址：192.168.100.2/24； 源接口地址：VLANIF 100 地址
S1	GE0/0/1：Trunk，允许 VLAN 100； GE0/0/2：Trunk，允许 VLAN 100、VLAN 110； GE0/0/3：Access，允许 VLAN 10； GE0/0/4：Access，允许 VLAN 200； VLANIF 100 地址：192.168.100.1/24； VLANIF 10 地址：192.168.10.1/24； VLANIF 110 地址：192.168.110.1/24； VLANIF 200 地址：192.168.200.1/24

配置项目	配置规划
S2	GE0/0/1 和 GE0/0/2：Trunk，允许 VLAN 100、VLAN 110
R1	GE0/0/0 地址：192.168.200.2/24； Loopback0 地址：2.2.2.2/24（模拟外网主机）
AP 组	名称：apg1； 成员：AP1； 引用模板：VAP 模板 testwlan，域管理模板 testwlan
VAP 模板	名称：testwlan； 业务数据转发模式：直接转发； 业务 VLAN：VLAN 110； 引用模板：SSID 模板 testwlan，安全模板 testwlan
域管理模板	名称：testwlan； 国家码：中国
SSID 模板	名称：testwlan； SSID 名称：testwlan
安全模板	名称：testwlan； 安全策略：WPA-WPA2+PSK+AES； 密码：a1234567
RRM 模板	名称：testwlan； 关闭射频信道和功率的自动调优功能，手动调整

将各终端 PC10-1、PC10-2、STA1 和 Cellphone1 的 IP 地址设置为 DHCP 方式。

（2）配置网络互通。

1）配置核心交换机 S1。配置 VLAN 10、VLAN 100、VLAN 110、VLAN 200，配置 VLANIF 接口 IP 地址，配置默认路由指向路由器 R1，命令如下：

```
[S1]vlan batch 10 100 110 200
[S1]int g0/0/1
[S1-GigabitEthernet0/0/1]port link-type trunk
[S1-GigabitEthernet0/0/1]port trunk allow-pass vlan 100
[S1-GigabitEthernet0/0/1]quit
[S1]int g0/0/2
[S1-GigabitEthernet0/0/2]port link-type trunk
[S1-GigabitEthernet0/0/2]port trunk allow-pass vlan 100 110
[S1-GigabitEthernet0/0/2]quit
[S1]int g0/0/3
[S1-GigabitEthernet0/0/3]port link-type access
[S1-GigabitEthernet0/0/3]port default vlan 10
```

```
[S1-GigabitEthernet0/0/3]quit
[S1]int g0/0/4
[S1-GigabitEthernet0/0/4]port link-type access
[S1-GigabitEthernet0/0/4]port default vlan 200
[S1-GigabitEthernet0/0/4]quit
[S1]int vlanif 10
[S1-Vlanif10]ip add 192. 168. 10. 1 24
[S1-Vlanif10]quit
[S1]int vlanif 100
[S1-Vlanif100]ip add 192. 168. 100. 1 24
[S1-Vlanif100]quit
[S1]int vlanif 110
[S1-Vlanif110]ip add 192. 168. 110. 1 24
[S1-Vlanif110]quit
[S1]int vlanif 200
[S1-Vlanif200]ip add 192. 168. 200. 1 24
[S1-Vlanif200]quit
[S1]ip route-static 0. 0. 0. 0 0. 0. 0. 0 192. 168. 200. 2    //配置默认路由指向路由器 R1 的 GE0/0/0 接口
```

2)配置接入 AP1 的交换机 S2。配置 VLAN 100、VLAN 110,命令如下:

```
[S2]vlan batch 100 110
[S2]int g0/0/1
[S2-GigabitEthernet0/0/1]port link-type trunk
[S2-GigabitEthernet0/0/1]port trunk allow-pass vlan 100 110
[S2-GigabitEthernet0/0/1]port trunk pvid vlan 100
```
//配置接口的默认 VLAN 为 VLAN 100,给接收到的 Untagged 帧加上 VLAN 100 标签,用于识别发送给 AC
```
[S2-GigabitEthernet0/0/1]quit
[S2]int g0/0/2
[S2-GigabitEthernet0/0/2]port link-type trunk
[S2-GigabitEthernet0/0/2]port trunk allow-pass vlan 100 110
[S2-GigabitEthernet0/0/2]quit
```

3)配置路由器 R1。配置接口 IP 地址,配置默认路由指向核心交换机 S1,命令如下:

```
[R1]int g0/0/0
[R1-GigabitEthernet0/0/0]ip add 192. 168. 200. 2 24
[R1-GigabitEthernet0/0/0]quit
[R1]int loopback 0                                    //配置环回接口 loopback0,用来模拟外网终端
[R1-LoopBack0]ip add 2. 2. 2. 2 24
[R1-LoopBack0]quit
[R1]ip route-static 0. 0. 0. 0 0. 0. 0. 0 192. 168. 200. 1    //配置默认路由指向交换机 S1 的 GE0/0/4 接口
```

4)配置无线控制器 AC1。配置 VLAN 100,配置 VLANIF 接口 IP 地址,命令如下:

```
[AC1]vlan batch 100
[AC1]int g0/0/1
```

185

[AC1-GigabitEthernet0/0/1]port link-type trunk

[AC1-GigabitEthernet0/0/1]port trunk allow-pass vlan 100

[AC1-GigabitEthernet0/0/1]port trunk pvid vlan 100

//配置接口的默认 VLAN 为 VLAN 100,给接收到的 Untagged 帧加上 VLAN 100 标签,用于识别发送给 AP

[AC1-GigabitEthernet0/0/1]quit

[AC1]int vlanif 100

[AC1-Vlanif100]ip add 192.168.100.2 24

（3）配置 DHCP 服务器。

1）在核心交换机 S1 上配置 DHCP 服务器，采用接口地址池为 PC 和 STA（Cellphone）分配 IP 地址，命令如下：

[S1]dhcp enable

[S1]int vlanif 10

[S1-Vlanif10]dhcp select interface　　//配置接口地址池 DHCP,使用 VLANIF 10 接口地址所在网段作为地址池(VLANIF 接口地址为网关地址)为 VLAN 10 的 PC 分配 IP 地址

[S1-Vlanif10]quit

[S1]int vlanif 110

[S1-Vlanif110]dhcp select interface　　//配置接口地址池 DHCP,使用 VLANIF 110 接口地址所在网段作为地址池(VLANIF 接口地址为网关地址)为 VLAN 110 的 STA 分配 IP 地址

[S1-Vlanif110]quit

2）在 AC1 上配置 DHCP 服务器，采用接口地址池为 AP 分配 IP 地址，命令如下：

[AC1]dhcp enable

[AC1]int vlanif 100

[AC1-Vlanif100]dhcp select interface　　//配置接口地址池 DHCP,使用 VLANIF 100 接口地址所在网段作为地址池(VLANIF 接口地址为网关地址)为 VLAN 100 的 AP 分配 IP 地址

[AC1-Vlanif100]dhcp server excluded-ip-address 192.168.100.1　　//排除 192.168.100.1 这个地址不做分配(S1 的 GE0/0/1 接口的 IP 地址)

（4）配置 AP 上线。

在 AC1 上配置 AP 上线，命令如下：

[AC1]wlan　　//进入 WLAN 业务视图

[AC1-wlan-view]regulatory-domain-profile name testwlan　　//创建域管理模板,名称为 testwlan(自定义)

[AC1-wlan-regulate-domain-testwlan]country-code cn　　//国家码为中国(cn)

[AC1-wlan-regulate-domain-testwlan]quit

[AC1-wlan-view]ap-group name apg1　　//创建 AP 组,名称为 apg1(自定义)

[AC1-wlan-ap-group-apg1]regulatory-domain-profile testwlan

//在 AP 组下引用域管理模板 testwlan

Warning:Modifying the country code will clear channel,power and antenna gain configurations of the radio and reset the AP. Continue? [Y/N]:y　　//在警告(warning)提示后面输入 y

[AC1-wlan-ap-group-apg1]quit

[AC1-wlan-view]quit

[AC1]capwap source int vlanif 100　　//配置 AC 的源接口为 VLANIF 100

```
[AC1]wlan
[AC1-wlan-view]ap auth-mode mac-auth
//设置 AP 上线认证方式为 MAC 地址认证(除此以外还有不认证 no-auth 和 SN 码认证 sn-auth 两种,
默认为 MAC 地址认证)
[AC1-wlan-view]ap-id 1 ap-mac 00E0-FCA8-3190
//设置 AP 索引值为 1(取值范围为 0~8191),MAC 地址为 00E0-FCA8-3190(网络拓扑中右击"AP1"
图标,在弹出的快捷菜单中选择"设置"→"配置"命令,查看 MAC 地址,注意格式要写成命令中的格式)
[AC1-wlan-ap-1]ap-name vlan110-1              //设置 AP1 的名称为 vlan110-1(自定义)
[AC1-wlan-ap-1]ap-group apg1                  //将 AP1 加入 AP 组 apg1
Warning:This operation may cause AP reset. If the country code changes,it will clear channel,power and an-
tenna gain configurations of the radio,Whether to continue? [Y/N]:y
//在警告(warning)提示后面输入 y
[AC1-wlan-ap-1]quit
[AC1-wlan-view]quit
```

配置完成后，手动重启 AP1（在网络拓扑中右击"AP1"图标，在弹出的快捷菜单中选择"停止"→"启动"命令），等待一段时间，在 AC1 上查看 AP 上线情况，命令如下：

```
[AC1]display ap all
Info:This operation may take a few seconds. Please wait for a moment. done.
Total AP information:
nor:normal          [1]
-------------------------------------------------------------------------------------
ID   MAC            Name       Group    IP              Type       State  STA  UpTime
-------------------------------------------------------------------------------------
1    00e0-fca8-3190  vlan110-1  apg1    192.168.100.250  AP5030DN   nor    0    1M:44S
-------------------------------------------------------------------------------------
Total:1
```

可以看到，有一个编号为 1、MAC 地址为 00e0-fca8-3190、名称为 vlan110-1、属于 AP 组 apg1、分配到地址为 192.168.100.250 的 AP 已经上线了，State 为 nor(normal)表示正常上线。

AP1 上线后，在网络拓扑中双击"AP1"图标，打开命令行界面，可以看到 CAPWAP 链路已经建立成功的提示，并且 AP1 的名称已经被自动修改为 vlan110-1，命令如下：

```
[Huawei]
=====CAPWAP LINK IS UP!!! =====
[vlan110-1]
```

（5）配置 WLAN 业务参数。

在 AC1 上配置 WLAN 业务参数，命令如下：

```
[AC1]wlan
[AC1-wlan-view]security-profile name testwlan        //创建安全模板,名称为 testwlan(自定义)
[AC1-wlan-sec-prof-testwlan]security wpa-wpa2 psk pass-phrase a1234567 aes
//配置安全策略,采用 wpa/wpa2-PSK 认证,采用 AES 加密,密码为 a1234567(自定义,密码长度须为 8~
63 个 ASCII 字符)
[AC1-wlan-sec-prof-testwlan]quit
```

```
[AC1-wlan-view]ssid-profile name testwlan           //创建 SSID 模板,名称为 testwlan(自定义)
[AC1-wlan-ssid-prof-testwlan]ssid testwlan          //SSID 名称为 testwlan(自定义)
[AC1-wlan-ssid-prof-testwlan]quit
[AC1-wlan-view]vap-profile name testwlan            //创建 VAP 模板,名称为 testwlan(自定义)
[AC1-wlan-vap-prof-testwlan]forward-mode direct-forward //配置业务数据转发模式为直接转发
[AC1-wlan-vap-prof-testwlan]service-vlan vlan-id 110 //业务 VLAN 为 110
[AC1-wlan-vap-prof-testwlan]security-profile testwlan //引用名称为 testwlan 的安全模板
[AC1-wlan-vap-prof-testwlan]ssid-profile testwlan    //引用名称为 testwlan 的 SSID 模板
[AC1-wlan-vap-prof-testwlan]quit
[AC1-wlan-view]ap-group name apg1                   //进入 AP 组 apg1
[AC1-wlan-ap-group-apg1]vap-profile testwlan wlan 1 radio 0
//AP 组在射频 0(2.4 GHz)上引用名称为 testwlan 的 VAP 模板,设置 WLAN ID(即 VAP 标识)为 1(取值
范围为 1~12,15)
[AC1-wlan-ap-group-apg1]vap-profile testwlan wlan 1 radio 1
//AP 组在射频 1(5 GHz)上引用名称为 testwlan 的 VAP 模板,设置 WLAN ID(即 VAP 标识)为 1
[AC1-wlan-ap-group-apg1]quit
```

(6)配置 AP 射频信道和功率。

完成上面配置后,WLAN 射频信道的选择和功率的设置是自动配置调优的(默认情况下开启自动调优功能)。因此,在网络拓扑中已经出现 AP1 的信号辐射圈,如图 6-6 所示。在网络拓扑中双击"STA1"图标,在打开的窗口的"Vap 列表"选项卡的"Vap 列表"区域显示了两个名称均为 testwlan 的 SSID,如图 6-7 所示。第一个是射频 0 上自动选择了信道号为 1 的 SSID 网络,第二个是射频 1 上自动选择了信道号为 149 的 SSID 网络。选中任意一个 SSID 条目,单击"连接"按钮,弹出"账户"对话框,输入密码"a1234567",如图 6-8 所示,单击"确定"按钮后,网络显示"已连接"状态,如图 6-9 所示。

将无线终端连接上网络,例如将 STA1 连接到射频 0 的 SSID 网络上,将 Cellphone1 连接到射频 1 的 SSID 网络上。此时,无线终端已经可以和其他网络终端进行通信。

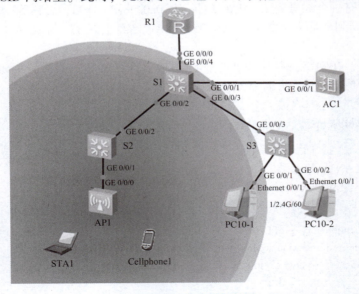

图 6-6　AP1 的信号辐射圈

图 6-7　AP1 的 Vap 列表

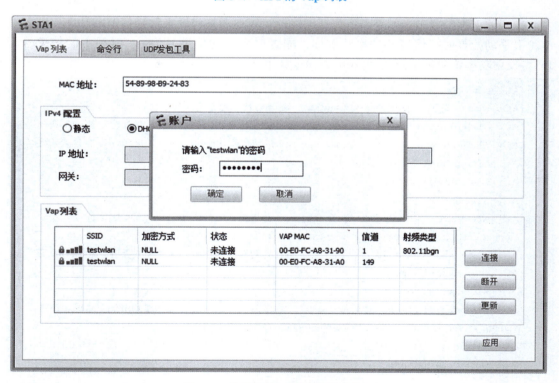

图 6-8　在"账户"对话框中输入密码

	SSID	加密方式	状态	VAP MAC	信道	射频类型
	testwlan	NULL	已连接	00-E0-FC-A8-31-90	1	802.11bgn
	testwlan	NULL	未连接	00-E0-FC-A8-31-A0	149	

图6-9　射频0已连接

在实际工程配置中，如果需要根据网络设计规划调整和设置射频信道和功率，就要在AC1上手动配置射频信道和功率。例如，配置射频0的信道号为6，射频1的信道号为153，发射功率绝对值上限为90 dBm，命令如下：

```
[AC1]wlan
[AC1-wlan-view]rrm-profile name testwlan    //创建射频资源管理(RRM)模板,名称为testwlan(自定义)
[AC1-wlan-rrm-prof-testwlan]calibrate auto-channel-select disable    //关闭射频信道的自动调优功能
[AC1-wlan-rrm-prof-testwlan]calibrate auto-txpower-select disable    //关闭射频功率的自动调优功能
[AC1-wlan-rrm-prof-testwlan]quit
[AC1-wlan-view]ap-id 1                       //进入AP1
[AC1-wlan-ap-1]radio 0                       //进入射频0
[AC1-wlan-radio-1/0]channel 20mhz 6    //设置射频0的信道带宽为20 MHz,信道号为6
Warning:This action may cause service interruption. Continue? [Y/N]y    //在警告提示后面输入y
[AC1-wlan-radio-1/0]eirp 90              //设置射频0的发射功率绝对值上限为90 dBm
[AC1-wlan-radio-1/0]quit
[AC1-wlan-ap-1]radio 1                        //进入射频1
[AC1-wlan-radio-1/1]channel 20mhz 153    //设置射频1的信道带宽为20 MHz,信道号为153
Warning:This action may cause service interruption. Continue? [Y/N]y
[AC1-wlan-radio-1/1]eirp 90             //设置射频1的发射功率绝对值上限为90 dBm
[AC1-wlan-radio-1/1]quit
```

上述配置完成后，在"STA1"窗口的"Vap列表"选项卡的"Vap列表"区域中可以看到，射频0和射频1的信道号分别为6和153，如图6-10所示。

图 6-10 射频 0 和射频 1 的信道号分别为 6 和 153

（7）查看与测试。

1）查看 AP、无线终端和 PC 的 IP 地址获取情况。

在各终端上使用 ipconfig 命令查看地址信息，在 AC1 上使用 display ap all 命令查看 AP1 的地址信息，结果如表 6-3 所示。为了方便测试分析，请根据实际情况将结果填入表 6-3。

表 6-3 IP 地址和 MAC 地址查看结果

设备名称	本书实验		实际实验	
	IP 地址	MAC 地址	IP 地址	MAC 地址
AP1	192. 168. 100. 250	00e0-fca8-3190		
PC10-1	192. 168. 10. 254	5489-98AA-4282		
PC10-2	192. 168. 10. 253	5489-9825-1209		
STA1	192. 168. 110. 254	5489-98b9-2483		
Cellphone1	192. 168. 110. 253	5489-9894-40fd		

2）在 AC1 上查看 WLAN 的配置情况。

①使用 display ap all 命令查看 AP 的上线情况，在上面的步骤（4）中已经进行了查看。

②使用 display vap all 命令查看 VAP 信息，命令如下：

191

```
[AC1]display vap all
Info:This operation may take a few seconds,please wait.
WID:WLAN ID
```

AP ID	AP name	RfID	WID	BSSID	Status	Auth type	STA	SSID
1	vlan110-1	0	1	00E0-FCA8-3190	ON	WPA/WPA2-PSK	1	testwlan
1	vlan110-1	1	1	00E0-FCA8-31A0	ON	WPA/WPA2-PSK	1	testwlan

Total:2

可以看到，Status 为 ON，说明 AP1 的两个射频上的 VAP 已经创建成功。

③使用 display radio all 命令查看 AP 的射频信息，命令如下：

```
[AC1]display radio all
CH/BW:Channel/Bandwidth
CE:Current EIRP(dBm)
ME:Max EIRP(dBm)
CU:Channel utilization
ST:Status
```

AP ID	Name	RfID	Band	Type	ST	CH/BW	CE/ME	STA	CU
1	vlan110-1	0	2.4G	bgn	on	6/20M	-/-	1	0%
1	vlan110-1	1	5G	an11ac	on	153/20M	-/-	1	0%

Total:2

可以看到，ST(Status)为 ON，说明 AP1 的两个射频状态正常。

④使用 display station all 命令查看已接入的无线终端信息，命令如下：

```
[AC1]display station all
Rf/WLAN:Radio ID/WLAN ID
Rx/Tx:link receive rate/link transmit rate(Mbps)
```

STA MAC	AP ID	Ap name	Rf/WLAN	Band	Type	Rx/Tx	RSSI	VLAN	IP address	SSID
5489-9894-40fd	1	vlan110-1	1/1	5G	11a	0/0	-	110	192.168.110.253	testwlan
5489-98b9-2483	1	vlan110-1	0/1	2.4G	-	-/-	-	110	192.168.110.254	testwlan

Total:2 2.4G:1 5G:1

从 MAC 地址和 IP 地址可以看到，STA1 连接到射频 0 的 SSID 网络上，Cellphone1 连接到射频 1 的 SSID 网络上。

3）连通性测试。

使用 ping 命令，测试 STA1、Cellphone1、PC10-1、PC10-2 之间的连通性，测试它们与外网终端(IP 地址为 2.2.2.2)之间的连通性，测试结果为能够互通。

组网综合案例

通过前面 6 个项目的实验，读者已经能够掌握基本网络配置操作的各个单项技能。本项目以一个单位局域网组建为案例，说明网络工程简单项目综合搭建组网的配置过程。

任务要求

任务目的：掌握网络工程简单项目综合搭建组网的配置过程。

实验操作：按照下面的实验步骤进行操作。为了锻炼读者的思考和动手能力，对其中的部分步骤进行了省略，需要读者自行完成配置。完成配置后，可通过最后的测试和查看部分的内容，来对比检查配置是否正确。

1. 网络知识

为了完成好本项目案例，下面对案例中涉及和使用到的本书前面未提及的网络知识进行介绍。

（1）三层网络架构。

具备一定规模的局域网通常采用接入层、汇聚层、核心层的三层网络架构，如图 7-1 所示。

通常将网络中直接面向用户连接或访问网络的部分称为接入层，接入层设备一般可以使用集线器或二层交换机，具有低成本和高接口密度的特性。汇聚层连接接入层和核心层，多采用三层交换机，是接入层交换机的汇聚点，它处理来自接入层设备的所有通信流量，需要更高的性能和交换速度，一些访问策略也经常被放置在这里。网络主干部分称为核心层，核心层的主要作用是高速转发通信，并提供可靠的骨干传输结构，因此核心层交换机应具有更高的可靠性、更强的性能和更大的吞吐量。

（2）路由重发布。

在某些组网中，可能存在多种路由协议，每种路由协议对路由信息的理解及处理是不同的，因此一般情况下，路由信息在不同的路由协议之间是相互隔离的。

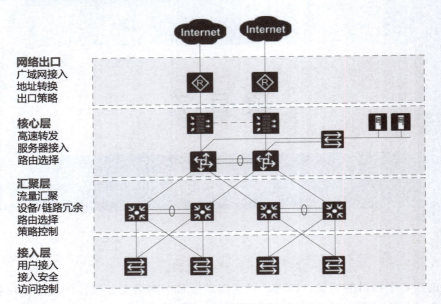

图 7-1　三层网络架构

路由重发布(Route Redistribution)也称为路由引入(Route Importation)，是指将路由信息从一种路由协议发布到另一种路由协议的操作。

如果一台路由器同时工作在两种路由协议或两个进程中，路由器学习到两端所有的路由条目后，由路由重发布广播出去，则可以使路由信息能够在多种路由协议之间传递，实现路由共享，从而全网的数据能够实现互通。

(3)虚拟路由器冗余协议。

虚拟路由器冗余协议(Virtual Router Redundancy Protocol，VRRP)用来提供网关冗余功能，从而提升网络可靠性。

VRRP 示意如图 7-2 所示，HostA 通过 Switch 双归属到 SwitchA 和 SwitchB。如果在 SwitchA 和 SwitchB 上配置 VRRP 备份组，则对外体现为一台虚拟设备，实现链路冗余备份。

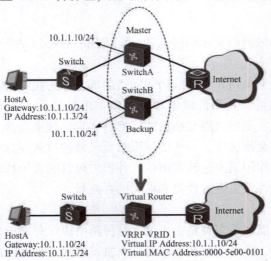

图 7-2　VRRP 示意

VRRP 有以下几个基本概念。

1）VRRP 路由器（VRRP Router）：运行 VRRP 协议的设备，它可能属于一台或多台虚拟路由器，如 SwitchA 和 SwitchB。

2）虚拟路由器（Vitual Router）：又称 VRRP 备份组，由一台 Master 设备和多台 Backup 设备组成，被当作一个共享局域网内主机的默认网关，如 SwitchA 和 SwitchB 共同组成了一台虚拟路由器。

3）Master 路由器（Virtual Router Master）：承担转发报文任务的 VRRP 设备，如 SwitchA。

4）Backup 路由器（Virtual Router Backup）：一组没有承担转发任务的 VRRP 设备，当 Master 设备出现故障时它们将通过竞选成为新的 Master 设备，如 SwitchB。

5）虚拟路由器标识符（Virtual Router Identifier，VRID），如 SwitchA 和 SwitchB 组成的虚拟路由器的 VRID 为 1。

6）虚拟 IP 地址（Virtual IP Address）：虚拟路由器的 IP 地址，一台虚拟路由器可以有一个或多个 IP 地址，由用户配置。例如，SwitchA 和 SwitchB 组成的虚拟路由器的虚拟 IP 地址为 10.1.1.10/24。

7）虚拟 MAC 地址（Virtual MAC Address）：虚拟路由器根据虚拟路由器 ID 生成的 MAC 地址。当虚拟路由器回应 ARP 请求时，使用虚拟 MAC 地址，而不是接口的真实 MAC 地址。例如，SwitchA 和 SwitchB 组成的虚拟路由器的 VRID 为 1，因此这个 VRRP 备份组的 MAC 地址为 0000-5e00-0101。

2. 实验需求

某单位有总部和分部两个办公地点，需要搭建局域网实现单位内部互通及某些网络功能，具体需求如下。

（1）总部和分部两个办公地点通过路由器相互连接组网，总部的路由协议采用 OSPF，分部的路由协议采用 RIP，总部与分部之间通过路由重发布使双方互通。

（2）总部有市场部和技术部两个部门，分别属于 VLAN 10 和 VLAN 20，市场部有一台服务器可以被该单位所有主机访问。分部的主机属于 VLAN 30。

（3）总部的二层接入交换机与三层核心交换机通过 STP 防环，并配置多实例 MSTP 实现核心交换机 S1 为 VLAN 10 的根桥，核心交换机 S2 为 VLAN 20 的根桥。

（4）两台核心交换机之间使用手动模式链路聚合技术，实现负载分担模式。

（5）两台核心交换机之间配置 VRRP 来增强拓扑的冗余性，使市场部 VLAN 10 向外访问时流量优先走 S1，技术部 VLAN 20 向外访问时流量优先走 S2。

3. 实验步骤

（1）创建网络拓扑并配置 IP 地址。

打开 eNSP，创建图 7-3 所示的网络拓扑，路由器采用 AR2220，核心交换机 S1、S2 采用 S5700，接入交换机 S3、S4、S5 采用 S3700，配置规划如表 7-1 所示。

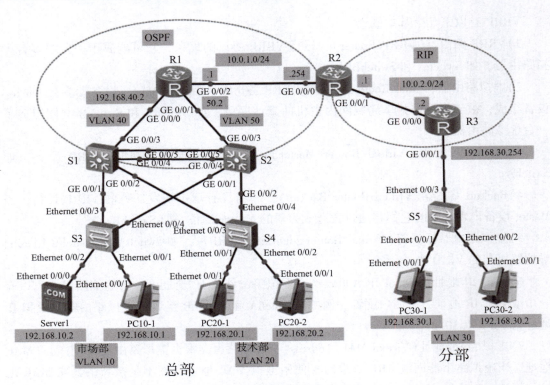

图7-3 综合实验网络拓扑

表7-1 配置规划

设备名称	接口	VLAN	IP 地址	网关地址	OSPF RouterID
Server1	E0/0/0	VLAN 10	192. 168. 10. 2/24	192. 168. 10. 254	—
PC10-1	E0/0/1	VLAN 10	192. 168. 10. 1/24	192. 168. 10. 254	—
PC20-1	E0/0/1	VLAN 20	192. 168. 20. 1/24	192. 168. 20. 254	—
PC20-2	E0/0/1	VLAN 20	192. 168. 20. 2/24	192. 168. 20. 254	—
PC30-1	E0/0/1	VLAN 30	192. 168. 30. 1/24	192. 168. 30. 254	—
PC30-2	E0/0/1	VLAN 30	192. 168. 30. 2/24	192. 168. 30. 254	—
R1	GE0/0/0	VLAN 40	192. 168. 40. 2/24	—	1. 1. 1. 1
	GE0/0/1	VLAN 50	192. 168. 50. 2/24	—	
	GE0/0/2	—	10. 0. 1. 1/24	—	
R2	GE0/0/0	—	10. 0. 1. 2/24	—	2. 2. 2. 2
	GE0/0/1	—	10. 0. 2. 1/24	—	
R3	GE0/0/0	—	10. 0. 2. 2/24	—	—
	GE0/0/1	—	192. 168. 30. 254/24	—	

续表

设备名称	接口	VLAN	IP 地址	网关地址	OSPF RouterID
S1	GE0/0/1	VLAN 10/20/40	—	—	3.3.3.3
	GE0/0/2	VLAN 10/20/40	—	—	
	GE0/0/3	VLAN 40	—	—	
	Eth-Trunk 1	VLAN 10/20/40	—	—	
	VLANIF 10	—	192.168.10.253/24	—	
	VLANIF 20	—	192.168.20.253/24	—	
	VLANIF 40	—	192.168.40.1/24	—	
S2	GE0/0/1	VLAN 10/20/50	—	—	4.4.4.4
	GE0/0/2	VLAN 10/20/50	—	—	
	GE0/0/3	VLAN 50	—	—	
	Eth-Trunk 1	VLAN 10/20/50	—	—	
	VLANIF 10	—	192.168.10.252/24	—	
	VLANIF 20	—	192.168.20.252/24	—	
	VLANIF 50	—	192.168.50.1/24	—	
VRRP	VRID 10	—	Virtual IP：192.168.10.254/24	—	—
	VRID 20	—	Virtual IP：192.168.20.254/24	—	

按表 7-1 完成 Server1 和各 PC 的 IP 地址、子网掩码和网关地址的配置。

（2）配置路由器。

1）配置路由器 R1。配置 R1 接口的 IP 地址，配置 OSPF，命令如下：

```
[R1]int g0/0/0
[R1-GigabitEthernet0/0/0]ip add 192.168.40.2 24
[R1-GigabitEthernet0/0/0]int g0/0/1
[R1-GigabitEthernet0/0/1]ip add 192.168.50.2 24
[R1-GigabitEthernet0/0/1]int g0/0/2
[R1-GigabitEthernet0/0/2]ip add 10.0.1.1 24
[R1-GigabitEthernet0/0/2]quit
[R1]ospf 1 router-id 1.1.1.1
[R1-ospf-1]area 0
[R1-ospf-1-area-0.0.0.0]network 192.168.40.0 0.0.0.255
[R1-ospf-1-area-0.0.0.0]network 192.168.50.0 0.0.0.255
[R1-ospf-1-area-0.0.0.0]network 10.0.1.0 0.0.0.255
```

2）配置路由器 R2。配置 R2 接口的 IP 地址，配置 OSPF 和 RIP，配置路由重发布，把

RIP 引入 OSPF，把 OSPF 引入 RIP，命令如下：

```
[R2]int g0/0/0
[R2-GigabitEthernet0/0/0]ip add 10. 0. 1. 2 24
[R2-GigabitEthernet0/0/0] int g0/0/1
[R2-GigabitEthernet0/0/1]ip add 10. 0. 2. 1 24
[R2-GigabitEthernet0/0/1]quit
[R2]ospf 1 router-id 2. 2. 2. 2
[R2-ospf-1]area 0
[R2-ospf-1-area-0. 0. 0. 0]network 10. 0. 1. 0 0. 0. 0. 255
[R2-ospf-1-area-0. 0. 0. 0]quit
[R2-ospf-1]import-route rip 1        //把 RIP 1 引入 OSPF 1
[R2-ospf-1]quit
[R2]rip 1
[R2-rip-1]network 10. 0. 0. 0
[R2-rip-1]import-route ospf 1        //把 OSPF 1 引入 RIP 1
[R2-rip-1]quit
```

3)配置路由器 R3。配置 R3 接口的 IP 地址，配置 RIP，命令如下：

```
[R3]int g0/0/0
[R3-GigabitEthernet0/0/0]ip add 10. 0. 2. 2 24
[R3-GigabitEthernet0/0/0]int g0/0/1
[R3-GigabitEthernet0/0/1]ip add 192. 168. 30. 254 24
[R3-GigabitEthernet0/0/1]quit
[R3]rip 1
[R3-rip-1]network 10. 0. 0. 0
[R3-rip-1]network 192. 168. 30. 0
```

(3)配置交换机。

1)配置核心交换机 S1。配置 VLAN、多实例 MSTP、VLANIF 接口的 IP 地址、VRRP、手动模式链路聚合、OSPF，命令如下：

```
[S1]vlan batch 10 20 40              //批量创建 VLAN 10/20/40
//以下是配置多实例 MSTP
[S1]stp region-configuration
[S1-mst-region]region-name Huawei
[S1-mst-region]instance 10 vlan 10
[S1-mst-region]instance 20 vlan 20
[S1-mst-region]active region-configuration
[S1-mst-region]quit
[S1]stp instance 10 root primary     //设置 S1 为 instance 10(VLAN 10)的主根桥
[S1]stp instance 20 root secondary   //设置 S1 为 instance 20(VLAN 20)的备份根桥
//以下是配置 VLANIF 接口的 IP 地址和配置 VRRP
[S1]int vlanif 10
[S1-Vlanif10]ip add 192. 168. 10. 253 24
```

[S1-Vlanif10]vrrp vrid 10 virtual-ip 192. 168. 10. 254 　　　　//配置 VRRP 虚拟路由器,编号为 10(自定义),虚拟 IP 地址是 192. 168. 10. 254

[S1-Vlanif10]vrrp vrid 10 priority 120 　　　　//设置虚拟路由器 10 的优先级为 120(默认值为 100,值越大越优先),即 VLANIF 10 来的流量以 S1 为主(Master)设备,实现 VLAN 10 的流量优先走 S1

[S1-Vlanif10]quit

[S1]int vlanif 20

[S1-Vlanif20]ip add 192. 168. 20. 253 24

[S1-Vlanif20]vrrp vrid 20 virtual-ip 192. 168. 20. 254

[S1-Vlanif20]quit

[S1]int vlanif 40

[S1-Vlanif40]ip add 192. 168. 40. 1 24

[S1-Vlanif40]quit

//以下是配置手动模式链路聚合

[S1]int eth-trunk 1

[S1-Eth-Trunk1]port link-type trunk

[S1-Eth-Trunk1]port trunk allow-pass vlan all

[S1-Eth-Trunk1]quit

[S1]int g0/0/4

[S1-GigabitEthernet0/0/4]eth-trunk 1 　　　　//将 GE0/0/4 接口加入 eth-trunk 1

[S1-GigabitEthernet0/0/4]int g0/0/5

[S1-GigabitEthernet0/0/5]eth-trunk 1 　　　　//将 GE0/0/5 接口加入 eth-trunk 1

[S1-GigabitEthernet0/0/5]quit

//以下是配置其余接口的链路类型和放行 VLAN

[S1]int g0/0/1

[S1-GigabitEthernet0/0/1]port link-type trunk

[S1-GigabitEthernet0/0/1]port trunk allow-pass vlan all

[S1-GigabitEthernet0/0/1]int g0/0/2

[S1-GigabitEthernet0/0/2]port link-type trunk

[S1-GigabitEthernet0/0/2]port trunk allow-pass vlan all

[S1-GigabitEthernet0/0/2]int g0/0/3

[S1-GigabitEthernet0/0/3]port link-type access

[S1-GigabitEthernet0/0/3]port default vlan 40

[S1-GigabitEthernet0/0/3]quit

//以下是配置 OSPF

[S1]ospf 1 router-id 3. 3. 3. 3

[S1-ospf-1]area 0

[S1-ospf-1-area-0. 0. 0. 0]network 192. 168. 10. 0 0. 0. 0. 255

[S1-ospf-1-area-0. 0. 0. 0]network 192. 168. 20. 0 0. 0. 0. 255

[S1-ospf-1-area-0. 0. 0. 0]network 192. 168. 40. 0 0. 0. 0. 255

2)配置核心交换机 S2。请读者参照 S1 自行配置。

注意:与 S1 不同的主要是 STP 根桥的主、备对调,以及 VRRP 的主、备对调,其他配置与 S1 类似。

3）配置接入交换机 S3。做 VLAN 相关配置，命令如下：

```
[S3]vlan batch 10
[S3]int e0/0/1
[S3-Ethernet0/0/1]port link-type access
[S3-Ethernet0/0/1]port default vlan 10
[S3-Ethernet0/0/1]int e0/0/2
[S3-Ethernet0/0/2]port link-type access
[S3-Ethernet0/0/2]port default vlan 10
[S3-Ethernet0/0/2]int e0/0/3
[S3-Ethernet0/0/3]port link-type trunk
[S3-Ethernet0/0/3]port trunk allow-pass vlan all
[S3-Ethernet0/0/3]int e0/0/4
[S3-Ethernet0/0/4]port link-type trunk
[S3-Ethernet0/0/4]port trunk allow-pass vlan all
```

4）配置接入交换机 S4。请读者参照 S3 自行配置，配置方法与 S3 类似。

5）配置接入交换机 S5，命令如下：

```
[S5]vlan batch 30
[S5]int e0/0/1
[S5-Ethernet0/0/1]port link-type access
[S5-Ethernet0/0/1]port default vlan 30
[S5-Ethernet0/0/1]int e0/0/2
[S5-Ethernet0/0/2]port link-type access
[S5-Ethernet0/0/2]port default vlan 30
[S5-Ethernet0/0/2]int e0/0/3
[S5-Ethernet0/0/3]port link-type access
[S5-Ethernet0/0/3]port default vlan 30
```

（4）测试和查看。

通过以下的测试和查看，验证是否满足实验需求。

1）连通性测试。使用 ping 命令测试 Server1、各 PC 之间的连通性，测试结果为能够互相连通。

2）查看多实例 MSTP 配置情况。在 S1 和 S2 上使用 display stp brief 命令查看多实例 MSTP 配置情况：

```
<S1>display stp brief
```

MSTID	Port	Role	STP State	Protection
0	GigabitEthernet0/0/1	DESI	FORWARDING	NONE
0	GigabitEthernet0/0/2	ALTE	DISCARDING	NONE
0	GigabitEthernet0/0/3	DESI	FORWARDING	NONE
0	Eth-Trunk 1	ROOT	FORWARDING	NONE
10	GigabitEthernet0/0/1	DESI	FORWARDING	NONE
10	GigabitEthernet0/0/2	ALTE	DISCARDING	NONE
10	Eth-Trunk 1	DESI	FORWARDING	NONE

20	GigabitEthernet0/0/1	DESI	FORWARDING	NONE
20	GigabitEthernet0/0/2	ALTE	DISCARDING	NONE
20	Eth-Trunk 1	ROOT	FORWARDING	NONE

```
<S2>display stp brief
```

MSTID	Port Role		STP State	Protection
0	GigabitEthernet0/0/1	DESI	FORWARDING	NONE
0	GigabitEthernet0/0/2	ROOT	FORWARDING	NONE
0	GigabitEthernet0/0/3	DESI	FORWARDING	NONE
0	Eth-Trunk 1	DESI	FORWARDING	NONE
10	GigabitEthernet0/0/1	DESI	FORWARDING	NONE
10	GigabitEthernet0/0/2	MAST	FORWARDING	NONE
10	Eth-Trunk 1	ROOT	FORWARDING	NONE
20	GigabitEthernet0/0/1	DESI	FORWARDING	NONE
20	GigabitEthernet0/0/2	MAST	FORWARDING	NONE
20	Eth-Trunk 1	DESI	FORWARDING	NONE

可以看到，在 S1 上显示根接口在实例 20 上，说明实例 10 对应的 VLAN 10 主根桥就是 S1(根桥上没有根接口)。同理，S2 上的显示情况说明 VLAN 20 主根桥是 S2。

3)查看 S1 和 S2 之间的链路聚合配置情况。在 S1 和 S2 上使用 display eth-trunk 1 命令查看链路聚合：

```
<S1>display eth-trunk 1
Eth-Trunk1's state information is:
WorkingMode:NORMAL          Hash arithmetic:According to SIP-XOR-DIP
Least Active-linknumber:1    Max Bandwidth-affected-linknumber:8
Operate status:up           Number Of Up Port In Trunk:2
--------------------------------------------------------------------------------
PortName                    Status       Weight
GigabitEthernet0/0/4        Up           1
GigabitEthernet0/0/5        Up           1


<S2>display eth-trunk 1
Eth-Trunk1's state information is:
WorkingMode:NORMAL          Hash arithmetic:According to SIP-XOR-DIP
Least Active-linknumber:1    Max Bandwidth-affected-linknumber:8
Operate status:up           Number Of Up Port In Trunk:2
--------------------------------------------------------------------------------
PortName                    Status       Weight
GigabitEthernet0/0/4        Up           1
GigabitEthernet0/0/5        Up           1
```

可以看到，在 S1、S2 的 GE0/0/4 和 GE0/0/5 接口上已经建立起链路聚合。

4)查看和测试 VRRP。

在 S1、S2 上使用 display vrrp brief 命令查看 VRRP 配置情况：

```
<S1>display vrrp brief
VRID    State       Interface               Type      Virtual IP
--------------------------------------------------------------------------------
10      Master      Vlanif10                Normal    192.168.10.254
20      Backup      Vlanif 20               Normal    192.168.20.254
--------------------------------------------------------------------------------
Total:2    Master:1    Backup:1    Non-active:0

<S2>display vrrp brief
VRID    State       Interface               Type      Virtual IP
--------------------------------------------------------------------------------
10      Backup      Vlanif 10               Normal    192.168.10.254
20      Master      Vlanif 20               Normal    192.168.20.254
--------------------------------------------------------------------------------
Total:2    Master:1    Backup:1    Non-active:0
```

可以看到，在 S1 上，S1 是 VRID 10（对应 vlanif 10 来的流量）的主（Master）设备，是 VRID 20（对应 vlanif 20 来的流量）的备份（Backup）设备，即实现 VLAN 10 的流量优先走 S1；同理，在 S2 上的查看结果表明 VLAN 20 的流量优先走 S2。

5）验证数据流的流向。

在 PC10-1 上使用 tracert 命令跟踪 PC10-1 访问 PC30-1 的路径：

```
PC>tracert 192.168.30.1
traceroute to 192.168.30.1,8 hops max
(ICMP),press Ctrl+C to stop
1   192.168.10.253   62 ms   63 ms   62 ms
2   192.168.40.2   94 ms   62 ms   63 ms
3   10.0.1.2   78 ms   94 ms   78 ms
4   10.0.2.2   94 ms   78 ms   62 ms
5   192.168.30.1   125 ms   110 ms
```

可以看到，下一跳 IP 地址是 192.168.10.253，是 S1 的 VLANIF 10 的 IP 地址，说明 VLAN 10 的流量优先走 S1。

同理，在 PC20-1 上 tracert PC30-1 情况，命令如下：

```
PC>tracert 192.168.30.1
traceroute to 192.168.30.1,8 hops max
(ICMP),press Ctrl+C to stop
1   192.168.20.252   63 ms   47 ms   47 ms
2   192.168.50.2   62 ms   63 ms   62 ms
3   10.0.1.2   94 ms   78 ms   62 ms
4   10.0.2.2   63 ms   62 ms   94 ms
5   192.168.30.1   110 ms   125 ms   93 ms
```

可以看到，下一跳 IP 地址是 192.168.20.252，是 S2 的 VLANIF 20 的 IP 地址，说明 VLAN 20 的流量优先走 S2。

附　录

附录1　常用的网络命令

下面以 Windows 操作系统下的命令为例，对常用的网络命令进行说明。在 Windows 操作系统中，执行网络命令需要进入命令提示符窗口。以 Windows 10 为例，启动命令提示符窗口的一种方法是在系统任务栏的搜索框中输入"cmd"并按〈Enter〉键；另一种方法是按〈■+R〉组合键，在弹出的运行窗口的"打开"文本框中输入"cmd"并按〈Enter〉键（或单击下面的"确定"按钮）。在该窗口内可输入并执行各种命令。

附录 1.1　ipconfig 命令

1. 功能

ipconfig 命令用于显示、更新和释放网络地址设置，包括 IP 地址、子网掩码、网关地址和 DNS 服务器设置等。

2. 命令格式

ipconfig 的命令格式如下：

ipconfig [options]

其中，[options]是可选参数。

ipconfig 命令常用的可选参数如表 1 所示。

表 1　ipconfig 命令常用的可选参数

参数	说明
?	显示帮助。系统将显示所支持的参数
/all	显示所有配置信息
/release [adapter]	释放所有网络适配器或[adapter]指定的网络适配器连接的 IPv4 地址，[adapter]支持通配符"＊"和"?"； "＊"匹配任意字符串，"?"匹配任意一个字符。例如，/release EL＊的意思是释放所有名称以 EL 开头的适配器的 IPv4 地址
/release6 [adapter]	释放所有网络适配器或[adapter]指定的网络适配器连接的 IPv6 地址
/renew [adapter]	更新所有网络适配器或[adapter]指定的网络适配器连接的 IPv4 地址
/renew6 [adapter]	更新所有网络适配器或[adapter]指定的网络适配器连接的 IPv6 地址
/flushdns	删除本地 DNS 缓存内容
/displaydns	显示本地 DNS 缓存内容

附录 1.2　ping 命令

1. 功能

ping 命令是网络设备常用的命令之一，用来做连通性测试，即测试站点之间是否可达，若可达，则可进一步判断双方的通信质量，包括稳定性等。ping 命令基于 ICMP，从源站点执行，向目的站点发送 ICMP 回送请求报文，目的站点在接收到报文后向源站点返回 ICMP 回送应答报文，源站点把返回的结果信息显示出来。

2. 命令格式

ping 命令的格式如下：

> ping [options] target_name

其中，[options]是可选参数；target_name 是目的名（必选），可以是主机的 IP 地址，也可以是主机名或网站域名。

ping 命令常用的可选参数如表 2 所示。

表 2　ping 命令常用的可选参数

参数	说明
?	显示帮助。系统将显示所支持的参数
−t	持续（连续不断地）ping，直到手动按下〈Ctrl+Break〉或〈Ctrl+C〉组合键终止
−a	对目的 IP 地址进行反向名称解析。如果解析成功，则将显示目的 IP 地址的主机名
−n count	指定要发送的回送请求数 count，默认值为 4
−l size	指定 ICMP echo 请求消息中数据字段的长度为 size 规定的字节数，默认值为 32，最大为 65 527
−i TTL	指定 ICMP echo 请求消息的 IP 首部中的 TTL 字段值，默认值为主机的 TTL 默认值。不同操作系统的 TTL 默认值不同，Windows 10 的 TTL 默认值为 128，最大值为 255
−w timeout	指定接收 ICMP echo 应答消息的等待时间为 timeout，单位为 ms。如果在规定时间内没有收到应答，则显示"Request timed out"（请求超时），默认值为 4 000
−4	指明使用 IPv4 进行 ping。仅在 ping 主机名时，才需要此参数
−6	指明使用 IPv6 进行 ping。仅在 ping 主机名时，才需要此参数

附录 1.3　tracert 命令

1. 功能

tracert 命令被称为路由跟踪实用程序，用于跟踪源主机到目的主机之间的路由，检测网络延迟。

用 ping 命令可以测试数据是否可到达目的主机，以及到达目的主机的延迟和 TTL，但未给出数据到达目的主机的路由。tracert 命令则给出更详细的信息，显示从源主机到达目的主机的路由和延迟，包括经过了哪些路由器和到达每台路由器的延迟。因此，用 tracert 命令不仅能测量延迟，还能定位延迟，有助于确定产生网络延迟或发生故障的网络（或链路）和路由器。

2. 命令格式

tracert 命令的格式如下：

```
tracert [options] target_name
```

其中，[options]是可选参数；target_name 是目的名（必选），可以是主机的 IP 地址，也可以是主机名或网站域名。

tracert 命令常用的可选参数如表 3 所示。

表 3　tracert 命令常用的可选参数

参数	说明
/?	显示帮助。系统将显示所支持的参数
-d	不把地址解析为主机名
-h maximum_hops	按最大跃点数 maximum_hops 搜索目标，默认值为 30。跃点数也被称为跳数，每一跳表示一台路由器
-w timeout	设置等待响应的超时时间为 timeout，单位为 ms
-4	强制使用 IPv4
-6	强制使用 IPv6

附录 1.4　arp 命令

1. 功能

arp 命令用来显示、设置和修改 ARP 表项，即 ARP 缓存中 IP 地址与物理地址之间的映射关系。若主机有多个网络接口（网络适配器），则每个网络接口都有一张独立的 ARP 表，当要对某个网络接口的 ARP 表进行操作时，要指定所操作的那个网络接口的 IP 地址。

注意：在 Windows 10 操作系统中，只有以管理员身份打开命令提示符窗口，才能执行添加和删除 ARP 表项的命令。

2. 命令格式

arp 命令的格式如下：

```
arp-a [inet_addr] [-N if_addr] [-v]
arp-s inet_addr eth_addr [if_addr]
arp-d inet_addr [if_addr]
```

arp 命令常用的选项和参数如表 4 所示。

表 4　arp 命令常用的选项和参数

选项和参数	说明
/?	显示帮助。系统将显示所支持的选项和参数
-a	显示当前 ARP 表项；如果指定 inet_addr，则只显示指定 IP 地址的表项；如果不止一个网络接口使用 ARP，则显示每个接口的 ARP 表项
inet_addr	指定的 IP 地址
-N if_addr	显示指定网卡 if_addr 的 ARP 表项中的条目。if_addr 为指定网卡的 IP 地址

选项和参数	说明
−v	在详细模式下显示当前 ARP 表项
−s	在 ARP 表项中增加静态表项，即 IP 地址 inet_addr 和 MAC 地址 eth_addr 映射条目。在重启机器之前，静态条目一直保存在 ARP 表项中
eth_addr	指定的 MAC 地址（物理地址）
if_addr	如果其存在，则其指定地址转换表应修改的接口的 IP 地址；如果其不存在，则使用第一个适用的接口
−d inet_addr	从 ARP 表项中删除由 inet_addr 指定的 IP 地址。若未给出 inet_addr，或者 inet_addr 为通配符"＊"，则删除 ARP 表项中的所有条目，即清空 ARP 表项
−d	删除 inet_addr 指定的表项。若 inet_addr 为通配符"＊"，则删除所有表项

附录 1.5   netstat 命令

1. 功能

netstat 命令是 Windows 操作系统提供的、用于查看与 TCP、IP、UDP 和 ICMP 相关的统计数据的网络工具，并能检验本机各接口的网络连接情况。

2. 命令格式

netstat 命令的格式如下：

```
netstat [options]
```

其中，[options]是可选参数。在不使用参数的情况下，此命令会显示活动的 TCP 连接数。

netstat 命令常用的可选参数如表 5 所示。

表 5   **netstat 命令常用的可选参数**

参数	说明
−a	显示所有连接和侦听接口
−b	显示在创建每个连接或侦听接口时涉及的可执行程序
−e	显示以太网统计。此选项可以与−s 选项结合使用
−f	显示外部地址的完全限定域名（Fully Qualified Domain Name，FQDN）
−n	以数字形式显示地址和接口号
−o	显示拥有的与每个连接关联的进程 ID
−p proto	显示 proto 指定的协议的连接；proto 可以是下列任何一个：TCP、UDP、TCPv6 或 UDPv6
−r	显示路由表
−s	显示每个协议的统计
−p	用于指定默认的子网
−t	显示当前连接卸载状态
interval	重新显示选定的统计，以及各个显示间暂停的间隔秒数。按〈Ctrl+C〉组合键停止重新显示统计。若省略，则 netstat 将打印一次当前的配置信息

附录 1.6　route 命令

1. 功能

route 命令用来增加、删除或显示本地路由表。

2. 命令格式

route 命令的格式如下：

```
route [–f] [–p] [–4|–6] [command [destination] [mask Netmask] [gateway] [metric Metric] [if Interface]]
```

如果在不使用参数的情况下，则给出帮助信息。

route 命令常用的可选参数如表 6 所示。

表 6　route 命令常用的可选参数

参数	说明
–f	清除所有网关项的路由表。如果与某个命令结合使用，那么在运行该命令前，应清除路由表
–p	与 add 命令联合使用时，一条路由被添加到注册表中，当 TCP/IP 启动时，用于初始化路由；与 print 命令联合使用时，显示持久路由列表；对于其他命令，这个参数被忽略
–4	强制使用 IPv4
–6	强制使用 IPv6
command	表示要运行的命令，可用的命令有 add（添加路由）、change（修改已有的路由）、delete（删除路由）和 print（打印路由）
destination	显示指定主机
mask Netmask	说明目标地址对应的子网掩码
gateway	指定网关
metric Metric	说明路由度量值，通常选择度量值最小的路由
if Interface	说明接口的索引

附录 2　ACL 相关命令

附录 2.1　创建和删除 ACL

创建 ACL 并进入 ACL 视图的命令如下：

```
acl acl–number
```

删除 ACL 的命令如下：

```
undo acl acl–number
```

参数说明如下。

acl–number 是 ACL 的编号，示例如下：

```
<R1>sys
[R1]acl 2000
[R1-acl-basic-2000]
```

附录 2.2 创建和删除基本 ACL 规则

创建基本 ACL 规则的命令如下：

```
rule [rule-id] {deny | permit} [source {source-address source-wildcard | any} | vpn-instance vpn-
instance-name | [fragment | none-first-fragment] | logging | time-range time-name]
```

删除基本 ACL 规则的命令如下：

```
undo rule rule-id
```

参数说明如下。

rule：表示这是一条规则。

rule-id：规则编号。

deny|permit：二选一，表示与这条规则相关联的处理动作。

source：表示源 IP 地址。

source-address：指定源 IP 地址。

source-wildcard：与源 IP 地址 source-address 对应的通配符，为点分十进制格式；其二进制"0"表示"匹配"、"1"表示"不关心"，相当于掩码的反码。

any：表示源 IP 地址可以是任何地址。

vpn-instance vpn-instance-name：指定根据 VPN 实例名称过滤数据包；当接口的"入"方向绑定了 VPN 时，ACL 规则中只有配置相应的 vpn-instance-name，用户才能登录设备。

fragment：表示该规则只对分片分组有效。

none-first-fragment：表示该规则只对非首个分片分组有效。

logging：表示需要将匹配上的 IP 分组进行日志记录。

time-range time-name：指定规则生效的时间段，时间段的名称为 time-name。

示例如下：

```
[R1]acl 2000
[R1-acl-basic-2000]rule 5 permit source 10.2.5.0 0.0.0.255
[R1-acl-basic-2000]rule deny source any
```

查看 ACL 的命令如下：

```
[R1-acl-basic-2000]display acl 2000
Basic ACL 2000,2 rules
Acl's step is 5
rule 5 permit source 10.2.5.0 0.0.0.255
rule 10 deny
```

上述例子中首先创建了编号为 2000 的基本 ACL；然后创建了编号为 5 的规则，该规则允许源 IP 地址为 10.2.5.0/24 的分组通过；最后创建了编号为 10 的规则。

注意：默认规则编号间隔为 5，拒绝其他所有源地址的分组通过。

附录2.3　创建和删除高级 ACL 规则

高级 ACL 规则比较复杂，针对不同的协议，高级 ACL 规则的命令有所差别，详细命令可以参考华为路由器、交换机的使用手册。这里仅对针对 IPv4 和 TCP/UDP 的高级 ACL 规则的命令进行介绍，以帮助读者感受和理解。高级 ACL 的删除规则命令与基本 ACL 的删除规则命令相同，这里不再赘述。

（1）当协议类型为 IPv4 分组时，创建高级 ACL 规则的命令格式如下：

rule [rule-id] {deny | permit} ip [destination {destination - address destination - wildcard | any} | source {source-address source-wildcard | any}]

参数说明如下。

destination {destination-address destination-wildcard | any }：指定 ACL 规则匹配分组的目的地址信息。如果不指定，则表示分组的任何目的地址都匹配。其中，destination-address 表示分组的目的地址；destination-wildcard 表示目的地址通配符；any 表示分组的任意目的地址。

source {source-address source-wildcard | any}：指定 ACL 规则匹配分组的目的地址信息。示例如下：

[R1]acl 3000
[R1-acl-adv-3000]rule deny ip destination 10.2.3.1 0.0.0.0 source 10.2.4.0 0.0.0.255

上述规则拒绝源 IP 地址为 10.2.4.0/24、目的地址为 10.2.3.1 的分组通行。

（2）当协议为 TCP 或 UDP 时，两者的高级 ACL 规则略有区别，主要体现在 TCP 可以对分组标志位进行判断。例如，对接口的判断命令格式如下：

rule [rule-id] {deny | permit} {protocol-number | tcp | udp} [destination {destination-address destination-wildcard | any} | destination-port {eq port | gt port | lt port | range port-start port-end | port-set port-set-name} | source {source-address source-wildcard | any} | source-port {eq port | gt port | lt port | range port-start port-end | port-set port-set-name}]

参数说明如下。

protocol-number：用数字表示的协议类型。

destination-port {eq port | gt port | lt port | range port-start port-end | port-set port-set-name}：UDP 或 TCP 分组的目的接口。如果不指定，则表示 TCP/UDP 分组的任何目的接口都匹配。其中，eq port 表示等于目的接口 port；gt port 表示大于目的接口 port；lt port 表示小于目的接口 port；range port-start port-end 表示接口的范围，port-start 是接口范围的起始，port-end 是接口范围的结束；port-set port-set-name 表示通过绑定接口集指定目的接口。

示例如下：

[R1]acl 3000
[R1-acl-adv-3000]rule deny tcp destination-port eq 80

上述规则拒绝目的接口为 TCP 80 接口的分组通行。

附录2.4　设置和删除分组过滤命令

traffic-filter 命令用来在接口上配置基于 ACL 的分组过滤，命令格式如下：

> traffic-filter {inbound|outbound} {acl|ipv6 acl} {acl-number|name acl-name}

参数说明如下。

inbound|outbound：二选一。inbound 用于指定在接口"入"方向上配置分组过滤；outbound 用于指定在接口"出"方向上配置分组过滤。

acl|ipv6 acl：二选一。acl 用于指定基于 IPv4 ACL 的分组过滤；ipv6 acl 用于指定基于 IPv6 ACL 的分组过滤。

acl-number|name acl-name：二选一。acl-number 用于指定 ACL 的编号；name acl-name 用于指定基于命名型 ACL 的分组过滤，其中，acl-name 表示 ACL 的名称。

undo traffic-filter 命令用于删除接口上配置的基于 ACL 的分组过滤，命令格式如下：

> undo traffic-filter {inbound|outbound} [ipv6 acl]

例如，将 ACL 2000 用于过滤 GigabitEthernet0/0/0 接口上"入"方向的分组，具体命令如下：

> [R1-GigabitEthernet0/0/0]traffic-filter inbound acl 2000

查看在接口上已经配置的用于分组过滤的 ACL 的命令如下：

> [R1]display traffic-filter applied-record
> --
> Interface   Direction   AppliedRecord
> GigabitEthernet0/0/0   inbound   acl 2000

上述查看也可在接口模式下使用 display this 命令进行。

取消 GigabitEthernet0/0/0 接口上配置的 ACL 的命令如下：

> [R1-GigabitEthernet0/0/0]undo traffic-filter inbound

参 考 文 献

[1]郑宏.计算机网络实验指导——基于华为平台[M].北京：电子工业出版社，2023.

[2]张举，耿海军.计算机网络实验教程——基于 eNSP+Wireshark[M].北京：电子工业出版社，2023.

[3]谢钧，缪志敏.计算机网络实验教程——基于华为 eNSP[M].北京：人民邮电出版社，2023.

[4]邓世昆.计算机网络[M].北京：北京理工大学出版社，2024.

[5]夏杰.网络工程师备考一本通[M].北京：中国水利水电出版社，2022.

[6]华为文档中心[EB/OL].[2024-0515].https://support.huawei.com/enterprise/zh/doc/index.html.

[7]邓世昆.计算机网络工程[M].北京：北京理工大学出版社，2021.

[8]邓世昆.计算机网络教程[M].北京：人民邮电出版社，2021.

[9]张国清.网络设备配置与调试项目实训[M].北京：电子工业出版社，2019.

[10]束梅玲.企业网络组建与维护项目式教程[M].2 版.北京：电子工业出版社，2014.